WHY: WHAT MAKES US CURIOUS

好奇心的秘密

[美]马里奥·利维奥 / 著　许佳 / 译
（Mario Livio）

中信出版集团|北京

图书在版编目（CIP）数据

好奇心的秘密 /（美）马里奥·利维奥著；许佳译. -- 北京：中信出版社，2022.5
书名原文：WHY: What Makes Us Curious
ISBN 978-7-5217-4179-7

Ⅰ.①好… Ⅱ.①马… ②许… Ⅲ.①心理学－通俗读物 Ⅳ.① B84-49

中国版本图书馆 CIP 数据核字（2022）第 054107 号

Simplified Chinese Translation copyright © 2022 By CITIC PRESS CORPORATION
WHY: What Makes Us Curious
Original English Language edition
Copyright © 2017 by Mario Livio
All Rights Reserved.
Published by arrangement with the original publisher, Simon & Schuster, Inc.
本书仅限中国大陆地区发行销售

好奇心的秘密
著者： ［美］马里奥·利维奥
译者： 许佳
出版发行：中信出版集团股份有限公司
（北京市朝阳区惠新东街甲 4 号富盛大厦 2 座 邮编 100029）
承印者：北京诚信伟业印刷有限公司

开本：880mm×1230mm 1/32　　印张：8.5　　字数：169 千字
版次：2022 年 5 月第 1 版　　　　　印次：2022 年 5 月第 1 次印刷
京权图字：01-2019-2972　　　　　　书号：ISBN 978-7-5217-4179-7
　　　　　　　　　　　　　　　　　定价：59.00 元

版权所有·侵权必究
如有印刷、装订问题，本公司负责调换。
服务热线：400-600-8099
投稿邮箱：author@citicpub.com

献给我的母亲

各方推荐

我们常说,创新是自由之子。如果创新来自"有性繁殖",那么我相信,创新也是好奇心之子。如果你此刻正在思考创新和好奇心的关系,那么这本书的意义也就至少实现了一半:启发你的好奇心。当我们想要保护孩子创造力的时候,切记,先从保护他们的好奇心开始。比如,在他们问你 1+1 可不可能等于 10 的时候,请不要责备他们,而是要直接回答:"是的,在二进制中 1+1=10。"厉害的父母还应该学会花式夸奖:"计算机就是这样思考的,你真厉害,已经赶上电脑了……"记住,有创造力的孩子一定都是被夸大的。管他呢,先夸再说,对结果保持好奇!

——华大集团 CEO,"生命密码"系列作者

尹烨

人生中的每一天，我们都在发现与解决问题，这个问题或者来自他人，或者来自自己；有些问题的答案显而易见，有些却藏在路的尽头。而好奇心的存在，可以让我们有勇气去看看疑惑的尽头到底是怎样的一番景象。好奇心诞生于小小婴孩对未知世界的不解，却成了驱动人类在宇宙中熠熠生辉、创造万千奇迹的动力源泉。

翻开这本书，随着作者从认识达·芬奇和理查德·费曼开始，我们会对好奇心本身产生好奇。我们将通过探索艺术、心理学、神经科学的秘境，揭开属于好奇心的秘密。

——中国人民大学心理健康教育与咨询中心主任

胡邓 博士

读了《好奇心的秘密》，我才发现，原来好奇心是我的重要天赋。最近，我越来越认识到好奇心是根本，知与行其次。就所谓成功而言，在科学发现、技术开发、艺术创作、商业经营等各行各业中，好奇心虽非万能，但没有好奇心万万不能。

大家都可以读一读《好奇心的秘密》，因为这本书点明教育的本义是引出而非填入。人生关键在发现、培养、发展好奇心。通过好奇心，我们可以立足当下、面向未来，为自己、他人、孩子、学生、同龄伙伴拓宽发展空间。这样，因与果、主动与被动、自我中心与他位视角在生存和发展两大议题上就实现了良性循环，可有效避免空心病的产生。

——中国科学院心理所研究员、学位委员会主任，

中国心理学会原理事长，亚洲心理协会主席

韩布新

对人类的祖先来说，好奇心不仅让他们活了下来，还让他们开创新局；对现在的人类来说，好奇心依旧是很重要的，它不仅让我们可以与时俱进，免于被淘汰，也让我们有能力面对各种未知的挑战。我很高兴读到这本书，作者通过名人案例，先让大家认可好奇心是重要的能力，接着通过深入浅出的介绍，让大家认识好奇心究竟是怎么一回事。希望大家都能透过这本书更了解好奇心，并且开始当一个对世界充满好奇的人。你不仅可以成就更好的自己，也有机会改变社会。

——英国约克大学心理学博士，

台湾辅仁大学心理学系副教授，认知与情绪科学家

黄扬名

好奇心是人类发展的重要动力，但是对好奇心的好奇心，才能让我们真正理解问题的根本。马里奥·利维奥博士以多学科的视角，编织出一场关于好奇心的叙事，读这本书的过程就是不自觉地运用好奇心的过程，但是读完了这本书，你能更自在地运用它。

——知名辩手

席瑞

这本《好奇心的秘密》中充满了迷人的故事、趣闻和心理学见解，它用令人愉快的方式探寻了人类好奇心的各个方面。它会让你大吃一惊，让你更聪明，甚至让你步履轻盈。

——《微积分的力量》作者

史蒂夫·斯托加茨（Steven Strogatz）

目　录

前　言 // IX

第一章　初识好奇心 // 001

第二章　一个好奇的人——达·芬奇 // 015
　　热爱科学的艺术家 // 020
　　达·芬奇好奇心的最佳证明 // 028
　　矛盾的个性与无穷的好奇心 // 032

第三章　另一个好奇的人——理查德·费曼 // 043
　　艺术是小我，科学是大我？ // 046
　　彻底改变物理学的"费曼图" // 052

"容易分神"的费曼 // 054

不同寻常的写作爱好者 // 059

最后的好奇心 // 062

第四章　对好奇心感到好奇：好奇心与信息获取 // 065

好奇心的触发因素 // 067

信息缺口理论 // 073

好奇心的变化曲线 // 082

第五章　对好奇心感到好奇：好奇心的运作机制 // 093

探究活动的模式 // 098

儿童的好奇心 // 103

第六章　对好奇心感到好奇：大脑中的好奇心 // 113

信息获取实验 // 114

图像观察实验 // 118

好奇心与学习机制 // 124

主动探究 // 130

聚焦好奇心 // 134

第七章　好奇心与人类的进化 // 139

　　富含神经元的大脑 // 141

　　脑力还是体力？人类进化的选择题 // 146

　　食物与大脑 // 150

　　"好奇心革命" // 153

第八章　跨领域人才的好奇心 // 159

　　博闻多学者 // 160

　　自学成才者 // 180

　　好奇心贯穿一生 // 194

第九章　为什么要选择好奇心 // 197

　　好奇心与遗传可能性 // 198

　　好奇杀死猫？ // 201

　　好奇心是对恐惧的最佳疗法 // 209

　　如何培养好奇心 // 214

后　记 // 221

注　释 // 231

前　言

　　我一直是一个充满好奇心的人。作为一个天体物理学家，我的职业兴趣就是揭开宇宙和其中种种现象的秘密，此外，我还对视觉艺术抱有热情。我可以肯定自己没有艺术细胞，不过我搜集了一大堆关于艺术的书。同时，我还是巴尔的摩交响乐团的一名科学顾问（真的，有这么一回事），并作为科学和音乐之间联系的纽带，参与过它的一些音乐会。从我的角度来说，最激动人心的大概要算我参与制作了《哈勃大合唱》。这是作曲家保拉·普雷斯蒂尼创作的一首当代古典音乐作品，演奏同时伴随着影片和虚拟现实场景，所有这些灵感都来自哈勃太空望远镜拍摄到的画面。此外，我在《赫芬顿邮报》上开设了一个专栏，我通常在上面闲聊些关于科学和艺术以及它们之间内在联系的话题。

所以，一点儿也不奇怪的是，我很久以前就被这样的问题困扰：是什么激发了好奇心？好奇和探索的内在机制是什么？由于这不是我的专业领域，我不得不参考大量的研究成果，向众多心理学家和神经科学家请教，与来自众多不同学科的学者们讨论，同时还对相当多的人进行了访谈。我相信这些人都是非常有好奇心的。因此，我对许多人都抱有深深的感激，没有他们，我不可能完成这个项目。尽管在此要对他们一一表示感谢有些不切实际，但我还是要提及其中一些。他们既深刻地影响着我的写作，也为我提供了大量信息。感谢保罗·加卢齐就列奥纳多·达·芬奇和我进行的充满启发的交谈。还要感谢乔纳森·佩夫斯纳，他提供了有关达·芬奇的宝贵建议，并允许我使用他所收集的关于达·芬奇的众多图书和文章。如果你要在英国皇家收藏基金会中找到某幅达·芬奇的画，那么阿加塔·鲁特科夫斯卡会是一个出色的向导。约翰斯·霍普金斯大学的米尔顿·艾森豪威尔图书馆为我提供了数以百计的相关学科的图书。杰里米·内森斯、多伦·卢里、加里克·伊斯雷利恩还有艾伦·泰蕾兹·拉姆等人都曾把我引荐给别人，使我得以进行重要的访谈。我很感激琼·费曼、大卫和朱迪思·古德斯坦，还有弗吉尼亚·特林布尔等人，感谢他们提供的关于理查德·费曼的一手的、宝贵的信息。

杰奎琳·戈特利布、劳拉·舒尔茨、伊丽莎白·博纳维茨、玛丽克·杰普玛、乔丹·利特曼、保罗·西尔维亚、塞莱斯特·基德、阿德里安·巴拉内斯和伊丽莎白·斯佩尔克等人，向我介绍了他们在心理学和神经科学领域的研究项目，有些项目的信息甚至还没有发表。他们所做的工作都是为了更好地理解好奇心的本质。如果本书对他们的研究成果所做的解释存在任何错误的话，那都是我自己的原因。约恩纳·昆齐、迈克尔·米勒姆为我厘清了概念，并使我了解了好奇心和注意缺陷多动障碍（ADHD）之间的潜在联系。凯瑟琳·阿斯伯里与我讨论了各种研究的意义所在，它们都涉及好奇心的本质问题。苏珊娜·埃尔库拉诺-乌泽尔向我详尽地解释了她的开创性研究，其中既有一般性的问题，比如大脑的构成，也有特定的问题，比如这些大脑的构成部分对人类大脑的独特属性的意义和影响。诺姆·萨登·格罗斯曼则帮助我大致了解了大脑解剖学。我希望向弗里曼·戴森、斯托里·马斯格雷夫、诺姆·乔姆斯基、玛丽莲·沃斯·莎凡特、维克·穆尼斯、马丁·里斯、布莱恩·梅、法比奥拉·贾诺蒂和杰克·霍纳等人表达谢意，感谢他们接受我的访谈，谈及了他们各自的好奇心，那些内容极其有趣且富有洞察力。

最后，我要谢谢我非常出色的代理人苏珊·拉比纳，感谢她不懈的鼓励和建议。我还要感谢我的编辑鲍勃·本德，他非常仔细地阅读了手稿，提出的评论既眼光独到又深思熟虑。在制作这本书的过程中，总经理约翰娜·李、设计师保罗·迪波利托、文字编辑菲尔·梅特卡夫，以及西蒙与舒斯特公司的整个团队再一次展现了他们的奉献精神和职业态度。

无须多言，没有我的妻子索菲亚的耐心以及持续不断的支持，这本书绝不会有见到光明的一天。

第一章
初识好奇心

与篇幅长短无关，总有一些故事会给读者留下持久的印象。《一小时的故事》是19世纪作家凯特·肖邦写的一个非常短的故事，它的开篇就是一个相当令人吃惊的句子。[1] "了解到马拉德太太曾经深受一种心脏疾病的折磨，那个人在把她丈夫的死讯告诉她时，真是加倍小心，尽可能地做到温柔。"逝去的生命和人类的脆弱全都被塞进了言简意赅的一句话里。然后，我们了解到，这是马拉德先生的好朋友理查兹带来的噩耗。此前他已经确认（通过一封电报），本特利·马拉德的名字确实出现在了一起火车事故的死亡人员名单的榜首。

在肖邦的故事情节当中，马拉德太太当时的反应合情合理。从她的姐姐约瑟芬那里听到这个噩耗之后，她马上开始哭泣起来,然后回到了自己的房间,想要一个人待着。然而,在这个时候,一些完全意料不到的事情发生了。马拉德太太一动不动地坐着,抽泣了一会儿,她的视线停留在远处的一块蓝天上。马拉德太太自言自语地低声说着一个使人感到惊讶的词:"自由,自由,自由!"随之而来的是更加热烈的"自由!身心的自由!"。

在约瑟芬充满焦虑的恳请之下,马拉德太太最终打开房门走了出来,"眼中带着一种热病般的胜利的神情"。揽着她姐姐的腰,她开始平静地走下楼梯;此时,她丈夫的朋友理查兹正在楼梯下面等待着她们。就在这个时候,传来了某人用一把门锁钥匙打开前门的声音。

接下来,肖邦的故事只剩下 8 句话。我们会停在这里,不继续读下去吗?当然,就算想,我们很可能也不会这样做,我们肯定不会完全猜不到是谁在门口。正如英国的散文作家查尔斯·兰姆所写下的:"在生活的各种声音中,我指的是所有城市和乡村的声音,没有几种能比门口的敲门声更让人感兴趣。"[2] 那就是一个故事的力量所在,它用这样的力道牵引着你的注意力,使得你根本没想过要摆脱那种牵引。

正如你可能已经猜到的那样,走进房间的这个人的确就是本特利·马拉德。事实表明,他距离火车事故现场非常远,甚至根本不知道发生过事故。肖邦对情绪多变的马拉德太太在仅仅一个小时的时间里不得不经历的过山车一般的情感波动进行了生动的描写，这种戏剧性情节使我们的阅读变成了一次趣味盎然的体验。

《一小时的故事》的最后一句话比开头那句还要引人遐想："医生们来过了，他们说她死于心脏病——是快乐导致了她的死亡。"对我们来说，在很大程度上，马拉德太太的内心生活仍然是一个谜团。

在我看来，肖邦最了不起的才华就是，她有着非凡的能力，能够用平铺直叙的文字激发读者的好奇心，即使是那些描述什么事情也没发生的场景的段落也能让人感到好奇。这种好奇心体现在你脊背上的阵阵凉意，有点儿类似你听到非常独特的音乐所体会到的感觉。那些惊险情节微妙、机智，是所有引人入胜的故事讲述、课堂授课以及令人兴奋的艺术作品、电脑游戏、广告宣传中的一种必备手法，甚至在那些令人感到愉悦而不是乏味的简单交谈中都用得上。肖邦的故事所激发出的感受可以被称为移情式的好奇心。[3]在我们试图理解主人公的期待、情感体验和思想时，在他或者她的行为无休止地困扰我们，使我们面对"为什么"这样的恼人问题时，它就是我们所选取的立场。

肖邦娴熟运用的另一个元素就是出人意料的事物。这是一种高明的策略，通过增强兴奋感和注意力，来激发好奇心。纽约大学脑神经科学家约瑟夫·勒杜和他的同事们能够追踪我们的大脑中负责对惊讶和恐惧做出反应的路径。[4]如果我们遇到了出乎意料的事情，那么大脑会假定我们必须得采取某些行动。这就导致交感神经系统被快速激活，并伴随着我们很熟悉的相应的现象：心跳加速、出汗、呼吸变粗等。与此同时，我们的注意力脱离了其他无关的刺激物，专注于当下主要的紧迫事物。勒杜证明，在人们感到惊讶以及感到恐惧时，快速和慢速路径同时被激活了。快速路径直接从丘脑到杏仁核，前者负责传递感官信号，后者是一个杏仁状的核团，负责分配情感意义并指导情绪反应。慢速路径则需要在丘脑和杏仁核之间绕行很长一段，穿过大脑皮质（那是神经组织的外表层，在记忆和思考方面起到了关键性的作用）。这一间接的路径使我们可以对刺激进行更加谨慎、有意识的估量，并做出经过深思熟虑的反应。

好奇心——心痒难熬地想知道更多——可以分为不同的类型。在英国出生的加拿大心理学家丹尼尔·伯莱因按照两个主要的维度对好奇心做了分类：一个维度包含感知型好奇心和认知型好奇心，另一个维度包含特定型好奇心和多样型好奇心。[5]感知型好奇心是由极端的异常值，由新奇的、模糊的和令人困惑的刺激引起的，它激起的是肉眼的观察。举例来说，你可以想想一个亚洲的孩子，第一次在偏僻的村庄看到一个高加索人时会有什么反应。随着人们对刺激逐渐熟悉，感知型好奇心一般就会消失。在伯莱因的设想中，与感知型好奇心相对的是认知型好奇心，它是对知识的真正渴望（用哲学家康德的话来说就是"求知欲"）。那种好奇心是所有基本的科学探索和哲学追问的主要驱动力，也可能是推动所有早期精神追求的动力。17世纪的哲学家托马斯·霍布斯称之为"心灵的欲望"，并进一步说它"始终以对知识的连续、不倦的追求为乐趣"，这远超"任何肉体快乐的那种短暂的激情"，因为沉迷于这种追求只会让你想要得到更多。[6]从这种"欲知究竟"当中，霍布斯发现了使人和其他所有生物区别开来的特征。事实上，正如我们会在第七章看到的，正是这种独特的追问"为什么"的能力，使我们这个物种能够发展成今天的样子。认知型好奇心是爱因斯坦曾经描述过的好奇心，当时他告诉他的某位传记作家："我并没有特别的天赋，有的只不过是强烈的好奇心。"[7]

对伯莱因来说，特定型好奇心反映了想得到某种特定信息的愿望，比如试图解决一个填字游戏或者回忆你上周看过的电影的名字。特定型好奇心会驱使调查人员去研究独特的问题，以便更好地理解它们，确定未来的解决方案。最后，多样型好奇心指的是永不满足地想要探索，为了避免无聊而去寻求新的刺激。如今，这种类型的好奇心体现在不停地查看手机上的新的短信息或者邮件，以及心急火燎地等待一种新款手机等方面。有时候，多样型好奇心会导致一种特殊的好奇心，因为寻找新刺激的行为有可能促进某种特殊的兴趣。

事实证明，在许多心理学的研究中，伯莱因对不同类型的好奇心所做的分类是非常有效的。不过它们仅仅具有参考价值，除非我们能够对好奇心背后的动力机制形成更加全面的认识。与此同时，正如前面所提过的移情式好奇心，还有一些其他类型的好奇心无法被很贴切地归于伯莱因的分类。比如导致人们四处张望的病态好奇心，它总是驱使驾驶员放慢速度，打量高速公路上发生的事故，也会使人们在暴力犯罪和建筑物大火现场聚集。[8]据说这种类型的好奇心给谷歌带来了相当多的点击量，很多人在上面搜索2004年英国建筑工人肯·比格利在伊拉克被斩首的可怕的视频录像。

除了可能有不同的类型，好奇心也有不同层次的强度，这与它混杂的类型有关。有时候，正如一些特定型好奇心的例子所展示的那样，只要一点点信息就足以使好奇心得到满足，比如你好奇究竟是谁说的"在任何地方发生的不正义都是对所有地方的正义的一种威胁"。再举个例子，好奇心会驱使某些人踏上充满激情的终身旅行，比如认知型好奇心有时候会驱使人们从事科学研究：地球上的生命是怎样出现和进化的？就发生的频率、强度、人们愿意付出多少时间进行探索，以及总体上对新奇体验的开放程度和偏好等方面来说，个体的好奇心存在着明显的不同。对某个人来说，在德国北海的岸边，一个被海浪冲上阿姆鲁姆海滩的酒瓶子很可能只不过是一种破碎的污染的象征物。而对另一个人来说，这么一个发现有可能带来机会，使其得以一窥过去的、令人着迷的世界。2015年4月，从一个被捡到的瓶子中发现的纸条被证明是来自1904年到1906年之间的——这是已知的被装在瓶子里面的时间最久的纸条，它来自某次研究洋流的实验。[9]

与此类似，纽约城22岁的清洁工人埃德·谢夫林每周花5个早上收集垃圾，他对爱尔兰的盖尔语有着巨大的热情，这促使他在纽约大学注册了一个有关爱尔兰裔美国人研究的硕士学位课程。[10]

大概是在20年前，曾经出现了一种非常罕见的天文现象，充分证明了不同类型的好奇心，比如被新奇事物所激发的或者是代表着求知欲的那种好奇心，是可以结合起来、相互促进的，这能够产生一种难以抗拒的吸引力。1993年3月，人们首次发现一颗彗星绕木星旋转。发现者是资深彗星搜寻者、宇航员卡罗琳·苏梅克和尤金·苏梅克夫妇以及宇航员戴维·列维。考虑到这是这一团队发现的第 9 颗周期彗星，它被命名为"苏梅克-列维九号彗星"。[11] 对它的绕行轨迹所做的详细分析表明，这颗彗星几十年前就被木星的地心引力所俘获。在 1992 年的一次灾难性的靠近过程中，由于巨大的潮汐（拉伸）力，它分裂成了碎片。

当计算机模拟的结果显示，这些碎片很可能在 1994 年 7 月与木星的大气层发生摩擦，并穿透而过时，天文学界内外开始感到兴奋。这样的摩擦是相对少见的（虽然大概在 6 600 万年前，地球受到的这样一次冲击对恐龙来说是极其不幸的），此前从未被人直接目击过。全球的天文学家都充满期待地等着，不过没有人知道，我们能否从地球上实际观察到冲击的效果，没有人知道碎片会不会被木星气态的大气层悄无声息地吞没，就像一颗小石头掉进了一个巨大的、安静的池塘一样。

人们预测第一块冰冷的碎片会在 1994 年 7 月 16 日撞上木星的大气层，地面和太空中的几乎每一架望远镜，也包括哈勃在内，都对准了木星。戏剧性的天文现象很少被实时观测到（光线从许多重要的观测对象到达地球，要花上多年的时间，而从木星到地球则只需要半小时），这一事实赋予了此次事件一种"平生绝无仅有"的感觉。所以，当数据开始从望远镜传输过来时，包括我在内的一群科学家聚集在一台电脑的屏幕前。

萦绕在每个人心头的问题是：我们会看到什么（见图1-1）？

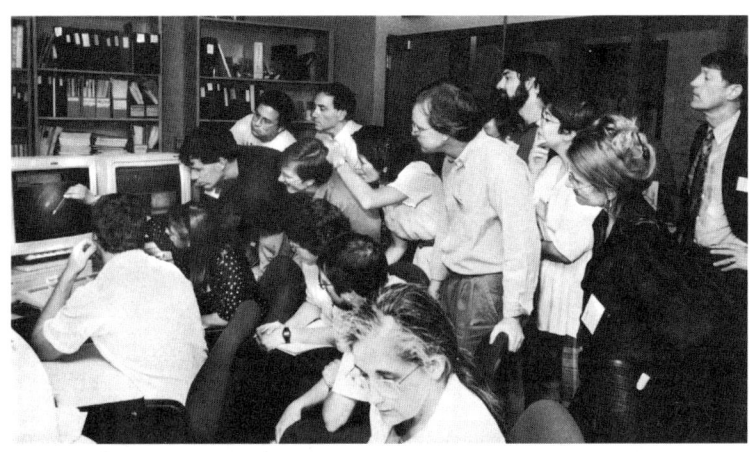

图1-1　科学家们在电脑前

如果让我给图1-1拟个标题，我很清楚它会是什么：好奇心！如果想感受好奇心具有传染性的吸引力，你需要做的就是仔细看看照片上那些科学家们的体态和脸部表情。第二天，我一看到这张照片，就马上想起了一幅在大约400年前完成的杰出的艺术作品：伦勃朗的《尼古拉斯·蒂尔普博士的解剖课》。[12]这幅画和那张照片一样，都捕捉到了好奇心造成的充满激情的神情。我发现，尤其吸引人的是，伦勃朗的关注点没有放在对尸体进行解剖的过程上（虽然他相当准确地画出了肌肉和筋腱），也没有放在死者的身份上（那是一个名叫阿里斯·金特的年轻的掏包贼，于1632年被绞死），他的一部分面容被遮住了。应该说，伦勃朗主要感兴趣的是，准确地描绘出正在上课的医学教授和每位学徒的个人反应。他把好奇心放在了核心的位置上（见图1-2）。

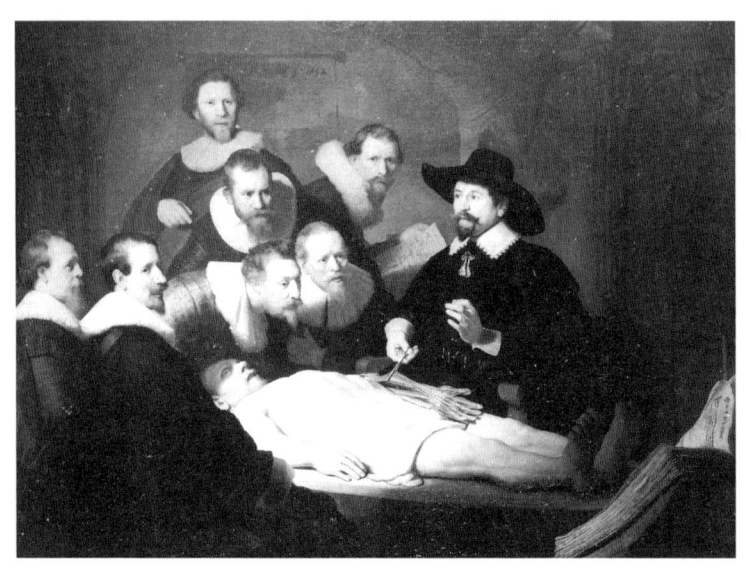

图1-2 《尼古拉斯·蒂尔普博士的解剖课》

好奇心的力量不只体现在对效用和利益的潜在贡献。它自身表现为一种无法阻挡的驱动力。举例来说，人们努力探索并认知周遭的世界，远远超过为了满足生存所需的程度。看起来，我们就是一种有着永无止境的好奇心的物种，我们当中的某些人甚至对好奇心欲罢不能。南加州大学神经科学家欧文·比德曼说过，人类天生就是"食知动物"，是一种渴求信息的生物。[13] 否则，我们如何解释人们有时候就算冒着风险也要挠一挠好奇心带来的痒？伟大的古罗马演说家和哲学家西塞罗将尤利西斯驾船驶过塞壬岛的行为，解释为一种抵制认知型好奇心的诱惑的努力："吸引着过往的航海者的既非她们甜美的声音，也不是她们新奇多样的歌曲，而是她们的专业知识。正是那种求知的热情使人们踏足于塞壬多石的海岸。"[14]

法国哲学家米歇尔·福柯用美妙的笔触描述了一些好奇心的内在特征："好奇心唤起了'关切'，它唤起人们对存在的和可能存在的事物的关注；它是一种针对现实的敏锐的意识，不过它在现实面前绝不是一成不变的；它是一种准备，要去发现我们周围的奇特和古怪的事物；它是一种决心，要抛弃思考问题的老套路，要用不同的方式去看待同样的事物；它是一种热情，去把握当下发生的和消失的事物；它是一种失敬，打破了重要的、基本的事物的传统等级制度。"[15]

正如我们将要看到的，现代的研究提出，对儿童早期观察和认知能力的正常发展来说，好奇心至关重要。对生活中智识性和创造性的表达来说，好奇心也是非常重要的推动因素。这是否意味着，好奇心是自然选择的直接产物呢？如果是这样，为什么有时候看起来微不足道的事情会引起我们强烈的好奇？为什么有时候坐在餐厅里，我们会努力从邻桌嘈杂的交谈声中辨识其对话内容？为什么比起倾听两个人面对面的交流，我们更难抗拒去倾听某个人讲电话（那时候我们只能听到对话的一半）？好奇心是完全天生的，还是习得的呢？是不是经历了320万年的进化，好奇心把露西——这是一种过渡阶段的、接近于人类的物种，我们在埃塞俄比亚找到了她的骨头——和智人（即现代人类）区分了开来？好奇涉及哪种心理过程以及哪些大脑结构？是否存在好奇心的理论模型？某些诸如注意缺陷多动障碍这样的神经发育紊乱是不是意味着好奇心"吃了兴奋剂"，或者说好奇心过度活跃？

在正式涉足对好奇心做的科学研究之前，我决定（出于本人的好奇心）走上一小段岔道，仔细考察一下两个人。在我看来，他们是有史以来最有好奇心的两个人。我相信，很少有人会不同意这样描述达·芬奇和物理学家理查德·费曼。达·芬奇的兴趣如此广泛，横跨艺术、科学和技术等领域。时至今日，他依然被视为文艺复兴时代的典型代表。艺术史家肯尼斯·克拉克称他为"历史上有着最强烈的好奇心的人"，这是非常恰当的。[16] 费曼的天赋和他在物理学的许多分支上取得的成就已经成了传奇，不过他还痴迷于生物学、绘画、破解保险箱、玩手鼓、迷人的女性，并热衷于学习玛雅象形文字。他之所以为公众所知，是因为他作为小组成员参与调查了太空飞船"挑战者号"失事事件，还因为他那本充满了个人逸事的畅销书。当有人问他，他认为科学发现的主要推动因素是什么的时候，费曼回答道："这和好奇心有关。[17]这和想要知道怎么使某物做某事有关。"他呼应了16世纪法国哲学家米歇尔·德·蒙田的观点。蒙田鼓励他的读者去发现寻常事物的神秘之处。如我们在第五章将会看到的，以小朋友为对象所做的实验证明，他们的好奇心通常是被期望了解周遭环境中的因果关系激发出来的。

我并不认为非常仔细地考察达·芬奇和费曼的人格特征，就足以洞察好奇心的本质。人们以前做过很多努力，想要发现历史上许多天才人物的共同特征；而这些天才人物的背景和心理特征所显示出来的只有恼人的多样性。[18]就拿科学巨人艾萨克·牛顿和查尔斯·达尔文来说吧。牛顿因其无可匹敌的数学能力而出类拔萃，而达尔文则承认自己的数学很差。即使同样是某个学科的大师，人们呈现出来的品质也不尽相同。物理学家恩里科·费米在17岁的时候就已经解决了非常困难的问题，而爱因斯坦相对来说就是一个大器晚成的人。这并不是说，这些人没有什么共同的品质。举例来说，在惊人的创造力方面，芝加哥大学的心理学家米哈里·希斯赞特米哈伊发现了一些心理倾向，它们看起来是和那些最有创造性的人联系在一起的（我在第二章的结尾会对此做简单的介绍）。[19]因此，我认为至少还是值得试一下，看看在达·芬奇和费曼那迷人的个性中是否有某些东西，引导我们去了解他们难以被满足的好奇心来自哪里。在我看来，关键之处在于，无论达·芬奇和费曼除了好奇心之外是否还有别的共同点，他们都以寻根问底的精神在各自的领域中确立了极高的地位，因此，任何同行从这两人的视角看待事物，都免不了兴奋异常。我先说达·芬奇，他曾经巧妙地表达出自己对于理解抱有的热情。他说："在理解之前，既没有爱，也没有恨。"

顺便说一句，考虑到你可能想知道，当"苏梅克-列维九号彗星"的第一块碎片撞上木星的大气层时，我们是否真的看到了什么——我们真的看到了这个过程！一开始，在木星的表面出现了一个亮点。[20] 随着碎片深入大气层，它产生了爆炸，形成了像一枚原子弹爆炸产生的那样的蘑菇云。所有的碎片都在木星的大气表面留下了可见的"伤疤"（有含硫化合物的区域）。这些痕迹持续了数月之久，直到被木星大气层的气流和波动抹平，剩余的碎片则扩散到了更低的高度。

第二章
一个好奇的人——达·芬奇

今天,达·芬奇留给我们的印象可能在乔尔乔·瓦萨里的两个简短的句子里得到了最好的概括。[1]瓦萨里是非常出名的《意大利艺苑名人传》的作者,在达·芬奇去世时,他只有8岁。瓦萨里满怀敬意地写道:"除了怎么称赞也不为过的形体之美,他的举手投足间有着一种无尽的优雅。他拥有如此伟大的天赋,且使之臻于化境,因此,无论遇到任何困难,他都能轻而易举地解决。"对此,我只能稍加修正为:"他拥有如此伟大的天赋和好奇心,且使之臻于化境。"

当瓦萨里开始详述那些杰出的品质时,他特别强调了达·芬奇的伟大才能,即能够在异常广泛的诸多学科中迅速地学会新的东西。"在算术领域,他在学习了仅仅几个月之后就取得了相当大的进步。他不断地向教他的老师提出各种疑惑和难题，常常使其手足无措。他只稍稍留意了一下音乐，就下定决心要学会演奏竖琴。因为他天生有着高贵且优雅的灵魂，所以伴着那些乐器，他即兴创作，唱起歌来如同仙乐。"在这些赞誉之下，让人感到吃惊的是，很多最近的研究表明，在达·芬奇的数学笔记中实际上包含着不少令人尴尬的错误和疏忽，比如求根方面的知识。此外，达·芬奇不懂希腊文，甚至读拉丁文也很费劲，往往需要知识渊博的朋友相助。表面看来，这样两个特征，即令人难以置信的获取新知识的能力和令人困惑的基础教育方面的缺陷，似乎很难和谐并存。不过，我至少要从两点出发对此加以解释。第一，达·芬奇接受的早期教育是相当初步的，而当他在佛罗伦萨进入安德烈·德尔·韦罗基奥的画室做学徒时，他接受的是成为艺术家的训练，而不是成为科学家、数学家或工程师的训练。在那里，他学会了基本的阅读和写作，辅之以绘画和雕塑方面的技巧，还有某些几何学和力学的实用规则，以及脑力劳动所需要的那些训练。没有人会预见到，以这么一个不起眼的开端为基础，达·芬奇会成长为文艺复兴时期通才的理想典范。他最终获得的所有学识，看起来几乎无所不包，那都是他通过自学或者从生命后期不懈的实验与观察中获得的。事实上，正是因为他没能掌握古典学术，达·芬奇同时代的人文主义者们会屈尊俯就地用他自己的话把他描述为"一个没文化的人"或者是"不怎么会阅读的人"。不过，达·芬奇自己倒是很快补充道："那些只会学习古人的作品，不会学习自然的作品的人只是自然的继子，而不是她的亲生儿子；自然才是所有伟大作家的母亲。"[2] 作为对批评的公然蔑视，他继续说道："虽然我不像他们那样，可以引经据典，但我的依据是更伟大、更有价值的东西，即经验，她是那些大师们的女主人。"[3] 毫无疑问，达·芬奇是"经验之门徒"的典型代表。

此外，瓦萨里还给我们提供了第二条线索，或许可以解释达·芬奇的教育中相互矛盾的方面。[4] "他下定决心要学习许多东西，不过，开始学习之后，他又放弃了。"换句话说，在他学习的许多领域，达·芬奇并没有坚持下去。这就带来了一个新的困惑：为什么达·芬奇会放弃那些他一开始表现出极大兴趣的主题？这是一个重要的问题，因为它能够使我们洞察达·芬奇那由好奇心驱动的大脑是怎么运作的，后面我还会提及这一话题。

简单地说，达·芬奇是一个充满好奇心的人。他在1503—1504年的部分藏书目录就包括了不少于116本书，涵盖主题之广泛令人震惊。[5] 它们包括解剖学、医学、自然史，还有算术、几何学、地理学、天文学，以及哲学、语言学、文学，甚至还有宗教方面的文章。据说，他看重经验远甚于阅读——事实上，科学史学家、达·芬奇研究专家乔其奥·德·桑蒂拉纳就有一篇名为《达·芬奇和他没读过的那些书》的演讲。

在达·芬奇的个性中最令人迷惑的方面之一就是，在分析大自然的秘密时，他充满同情的审美感受和冷静的、超人类的敏锐目光之间，存在着明显的冲突。1527 年（距达·芬奇去世仅 8 年），物理学家、历史学家保罗·乔维奥使我们得以一窥达·芬奇所持的非常独特的看法：在他看来，科学和艺术之间存在着不可避免的联系。[6]乔维奥写道："达·芬奇……为绘画艺术增添了无上的光彩。他认为，对学习绘画的学徒来说，掌握高贵科学和自由艺术是必不可少的。"为了展示达·芬奇独特的方法，乔维奥连着讲述了这位大师从事的许多科学活动，它们都和绘画联系在一起。"光的科学对他来说是极度重要的。为了能够符合自然规律地画出由脊椎神经活动支配的四肢关节的变化……他在医学院解剖罪犯的尸体。"

乔维奥的报道很正确地抓住了重要的事实，在其早期的工作中，达·芬奇把自然当作他的艺术的仆人：为了使他的艺术表现尽可能地准确，他观察自然世界。不过，在他的晚年，艺术则成了他从事科学调查的得力助手：他使用自己独特的艺术能力去观察自然现象，试图找出它们产生的原因。

比瓦萨里早20年，乔维奥也提到达·芬奇明显没有能力完成预定的工作，或者说他缺乏兴趣来做完他的某些项目："不过，虽然他花了很多时间对他的艺术的附属分支进行细致的研究，但是他只能完成很少的一部分工作。"即使是在他生前，达·芬奇喜欢中途撒手不干的特点就已经广为人知。当教皇利奥十世听说达·芬奇还在纠结于清漆的各种配方，而没有动手画画时，他抱怨说："唉！这个人干不完任何事情，因为在开始工作之前，他就已经在想着结束的事情了。"[7]

对达·芬奇来说，每一幅画都是一次科学实验，无论是在正确地表现绘画的主题方面，还是在实际的绘画过程方面。同时，这也是一种好奇心的练习。"学习艺术的科学，学习科学的艺术，学会观察。"他这样说。[8]就绘画技术的实际表现而言，他的许多作品，比如《最后的晚餐》，都没有完好地保存下来。很可能在达·芬奇生前，这幅画就开始从墙面剥落了。不过，换一个角度来说，《最后的晚餐》是一次彻底的成功，一幅出类拔萃的杰作。[9]它体现了他对视角的出色研究，以及对光影的有效运用。人们甚至能够观察到耶稣的话带来的情绪波动正在扩散。他说的是："你们当中的某个人将要背叛我。"通过仔细观察水中波浪的扩散,达·芬奇学到了这一点。

不过这里又出现了另一个矛盾。同样是这个人,他有能力巧妙地捕捉人类最微妙的心情和情绪(还可参见《圣母子与圣安妮》和著名的《蒙娜丽莎》),却几乎从未在其浩繁的写作中透露半点个人感受。[10] 如果达·芬奇像对外部世界感到好奇一样,对自己的内心世界也感到好奇,那么他选择的是把世人挡在自己的内心世界之外。

热爱科学的艺术家

有许多非常出色的研究试图利用达·芬奇留下的大量笔记、详尽的评论和精巧的素描来评估他的实际成就,以及他在科学和技术领域完成的真正的新发现的程度。[11,12] 其他人则以当时已经存在的知识作为前提,批判地评价他所做贡献的原创性。我则对同样吸引人的其他问题感兴趣:什么使达·芬奇充满好奇,为什么?他是怎么满足自己的好奇心的?他到什么程度(如果有这么个程度的话)会对一个特定的主题失去兴趣?我关心的不是达·芬奇在科学活动、艺术和工程项目等方面的成功与失败,也不是他在多大程度上影响了(或者没有影响)科学进步或者艺术史的进程,而是是什么抓住了他的想象力,是什么激励着他，以及他是如何对这样的刺激做出反应的。

达·芬奇自己的笔记是解答这些问题的一个非常好的起点。主要原因有如下几点。第一，多达 6 500 页的笔记和素描很可能只占到他全部手稿的一部分，据某些研究人员估计，其手稿总数可能有 15 000 页。考虑到达·芬奇差不多是从 35 岁开始记笔记的，在 30 年时间里，他肯定得平均每天写满一页半的纸！看起来，在纸上不辞辛劳地画下素描、记下复杂的笔记以描述他的想法、兴趣和思考（这些差不多全部是用左手写的，从右到左，像镜子里的景象）成了达·芬奇最喜欢的事情之一。令人赞叹的是，仅现存的达·芬奇的素描就是 16 世纪最多产的绘图员的作品的大约 5 倍。[13] 第二，他不仅明显痴迷于分析和记录每一个理性的想法，而且他的笔记本的实际内容涉及解剖学、视角与光学、天文学、植物学、地质学、自然地理学、鸟的飞行、运动和重量、水的特性与运动等主题，以及大量用于和平与战争目的的、充满想象的发明。[14] 第三，笔记本中包含大量的科学和技术的内容，达·芬奇会在写有这些内容的同一页写下许多对艺术问题的评论，诸如颜色、光线和阴影、透视法、画家的格言，还有雕塑和建筑等。就像达·芬奇的画作中的某些因素一样，他呈现的画面既是清晰的，又是充满神秘色彩的。

达·芬奇对他周围的复杂世界里的差不多每件东西都感到

好奇。他欲罢不能地记笔记、画素描，这体现出了他的怪癖，他试图把它们全部弄懂。可以肯定的是，对于历史、神学、经济学或者政治学（这有可能是一种明智的行为，因为他生活在以阴谋诡计和凶残而臭名昭著的波吉亚家族掌权的时代），他从未有过特别的兴趣。虽然如此，他确实在努力"阅读"和解释差不多100年后伽利略所说的"自然之书"。[15] 不过，达·芬奇的自然之书要比伽利略的厚，因为它里面包括像解剖学、植物学这样复杂的题目，而伽利略对这些主题并没有很大的兴趣。总体而言，达·芬奇笔记中的绝大部分内容并不是为了设计图纸、准备草图或制订工程计划，这些都是为了进行特定的冒险活动。倒不如说，它们是达·芬奇的好奇心的体现。用他的话说："自然界充满了无限的原因，这些原因还从未在经验中被发现过……好人的本能欲望就是知识。"在此，达·芬奇提前说出了心理学家赫尔曼·农贝格在大约5个世纪之后所说的话："通过满足好奇心，人们获得了许多确切的知识，这又引出了新的问题和对问题的界定。就此而言，好奇心也可以被称为对知识的渴望。"[16]

这些笔记本还形象地说明了，在达·芬奇的心中，科学、技术和艺术之间存在着难以割裂的相互依赖的关系。[17] 有一个短语是"一幅画抵得上千言万语"，据说它首次出现于1911年的一份报纸上的文章中，其实早在4个世纪之前，达·芬奇就清楚地表达了同样的意思。[18]"如果你打算用语言来描述一个人的形象或者表达你的感受，那么你描述的细节越多，你就越使读者感到困惑，越使其认知偏离你所描述的对象。所以，对你来说，你有必要去表现和描绘。"[19]

比起单纯用语言去展示那些难以描述的主题，绘画就要好得多。有时候，它们确实使我们能够追随达·芬奇那蜿蜒曲折的好奇心。英国的皇家收藏中的一幅作品提供了一个很好的例子。卡罗·佩德莱蒂是一名研究达·芬奇的学者。[20]他认为，就在这么一张纸上，可以看到"他（达·芬奇）的科学好奇心和艺术上的多才多艺的完美结合"。

乍看上去，纸上除了一组彼此无关的草稿之外，什么都没有：包括圆和曲线在内的各种几何结构、云、攀上了百合花的杂草、一台螺旋压力机、一个穿着衣服的老女人、池塘里的波浪、一棵树的枝干等。不过，仔细观察可以发现，差不多每一幅涂鸦，从云到人的卷曲的头发，都涉及几何曲线、弯曲的表面或分叉的现象。由此，我们可以猜测，一旦达·芬奇开始思考一个特定的现象，比如池塘中波浪的扩散，他那种由视觉激发的思维立刻把这个问题转化为了一种几何形状。与此同时，他那四处漫游的好奇心引导着他转向了其他的自然现象或人工制品，这些现象或物品都呈现出类似的曲线或者几何结构。例如，放大来看，这幅图显示出，从那个老人的角度看过去，树的枝干呈现出像血管一样的网络（见图 2-1）。

图 2-1　达·芬奇在英国的皇家收藏中的一幅作品

那不是达·芬奇唯一一次研究分叉系统。在很多不同的学科中，他都注意到了那些结构，从河流的支流、植物的根茎，到人体内的血管。他从一组看起来完全不同的观察对象中，抽象出了一种普遍的特征。用达·芬奇的话说："绘画驱使着画家的思想转变为大自然的思想，成为自然和艺术之间的诠释者。绘画能够解释在自然法则的驱使下，自然现象发生的原因。"[21]

考虑到达·芬奇工作的科学背景，这最后一句话可圈可点。他明确提出，自然服从于特定的法则。这比伽利略提出他的惯性定律早了约100年，比牛顿提出他的运动和重力的法则要早约200年。达·芬奇是否也好奇那些法则究竟是什么？我打赌，他肯定会好奇。不幸的是，在他生活的时代，科学传统还不是做出一个合理的假设，并通过一组精心设计的实验或者观察对那个假设进行检验。与之相反，达·芬奇更倾向于简单地将他能够想到的问题列出来，他很可能依照这些问题闯入他那充满好奇的头脑的顺序排列它们。然后，他会通过仔细的观察去解答其中的一小部分问题。不过有时候，他的发现会变成他的艺术与科学想象的融合。举例来说，他画的水纹常常和发卷类似，[22]而在他那幅名为《吉内薇拉·班琪》的画中，波浪形的头发看起来就像被扰动的水。[23]另外，通过对各种现象进行的大量研究，达·芬奇得出了两个重要的看法。第一，要发现与自然现象相关的模式，无疑需要重复的、大量的实验和观察。用他的话说："我们需要做很多次实验，避免意外的发生妨碍或者误导了论证，因为无论实验是否会误导观察者，它都有可能是错误的。"这部分地解释了一个事实，即达·芬奇的笔记本里有着大量的重复的内容，尽管按照严格的标准来说，他所做的大量的、重复的实验只能算是近似的实验。他的第二个值得注意的推论是，通过数学语言，人可以认识统驭自然的法则。[24] 因此，在其生命的最后 20 年里，达·芬奇花了大量时间探索能够运用于自然现象的普遍的几何规律，其工作内容涉及了河中的水流、光线和阴影，以及错综复杂的人体解剖。

达·芬奇追随着柏拉图和新柏拉图主义者的脚步。几何学成了他的指路明灯，帮助他将对人类的观察与对宇宙的解释联系起来，即使这种联系更多是一种信仰，而不是依靠坚实的经验基础。首先，存在着和视觉过程相关的几何学；[25] 其次，我们认为自然世界是遵循着几何规律的；最后，对达·芬奇来说，数学语言的本质就是我们在学校学过的基础欧几里得几何学。比如，在研究光学的传播时，达·芬奇画了一组三角形（这在他的术语中被称为"金字塔"），然后得出结论（这在数量上是错误的），随着光源距离的增大，光的强度同比例衰减。也就是说，光源距离是原先的两倍时，光的亮度就会减弱一半。[26] 事实上，亮度递减遵循的是平方反比定律：在 2 倍距离处，光源的亮度会变暗 4 倍，在 3 倍距离处，光源的亮度变暗 9 倍，以此类推。他把同样的规律应用到他所说的自然的 4 种"力"上面，分别是"运动、推动力、重力和撞击力"。[27]

至于像树枝那样的分支系统，达·芬奇提出了一个有原创性的规律：每一层的横截面面积之和必须相等。[28] 举例来说，他推断，在树的边缘部分的最小嫩枝的横截面面积之和一定等于树干的横截面面积。尽管这一断言背后的观点是巧妙的、正确的（达·芬奇假定，流入的必定流出），但他忽视了流动速度是会发生变化的，所以他的法则并不准确。不过，在我们看来，重要的并不是达·芬奇的法则是否正确，或者他是否掌握了足够的数学知识，能够对观察到的规律进行公式化。关键在于，他用了几何的表达方式去概括规律，并且，他大胆地声称："没有哪个领域是绝对不能运用数学科学或者与数学科学有关的学科内容的。"这一出色的洞见可以媲美于伽利略著名的格言："如果我们不首先学习宇宙的语言，并努力把握它的特征，那么我们就无法理解它。它的语言就是数学，其特征则是三角、圆和其他几何图形。"不过，伽利略可是一位数学家。令人惊讶的是，除了掌握某些曲线几何方面的知识（还有他从数学家朋友卢卡·帕乔利那里学到的一些知识），达·芬奇的数学很差；而他已经相信，要比较可靠地认识自然，唯一的方式是借助数学。[29]于是，他相当大胆地写道："一个不是数学家的人不应该读我的作品。"[30]这话就像传说中悬挂在柏拉图学院大门口的那块具有传奇色彩的石刻上的话："不懂几何者勿入。"

达·芬奇的主要观点之一是，无论规则本身究竟涉及什么领域，在某种意义上，它们都是普遍的。也就是说，所有的"力"中都存在着同样的规则，无论这种力究竟存在于宏观的世界、人体所代表的微观世界，还是人造机器的运作当中。[31]他写道："比例不仅存在于数量和测量当中，也存在于声音、重量、时间和空间以及任何力量当中。"同样，他正确地预见到了牛顿第三运动定律（任何相互作用的力都是大小相等、方向相反的），他写道："一个物体对空气产生的阻力等同于空气作用于该物体的力，水的情况与此一样。"[32]

最终，达·芬奇把注意力转向了人体。他强烈希望发现普遍规律或具有广泛运用性的特征，并将之运用于特定的情况。在这个领域，正如多伦多大学的解剖学教授詹姆斯·普莱费尔·麦克默里奇所写的："如果说……解剖学领域中新的发展的推动力来自艺术家，达·芬奇很可能被公认为其首创者，而维萨留斯（解剖学家安德烈亚斯·维萨留斯，在达·芬奇去世前5年出生）则是伟大的传播者。"[33]

达·芬奇好奇心的最佳证明

对达·芬奇永不停止的好奇心的最佳证明，大概就是他对人的心脏的运作进行的不倦的探索。[34]自古以来，我们胸腔中的那种神秘的、持续不断的跳动就使人着迷。早在公元前2世纪，中国人就提出了部分正确的观点，即心脏是一种推动血液循环的泵，但在很长的时间里，这些观点对在西方占据主导地位的理论没有产生影响。直到16世纪，西方的理论还主要受到公元2世纪的古罗马医学家帕加玛的盖伦的影响。盖伦认为，心脏并不是一种泵，而更像是使人体保持活力的火炉，负责产生体内的热量。[35] 颇具讽刺意味的是，虽然盖伦本人是一个充满好奇心的人，他的解剖学观察都建立在对猴子、猪和狗等动物的实际解剖的基础之上，但是他的众多追随者盲目地接受了他的结论，长达1 000多年。就像亚里士多德的观点在物理学中居于主导地位，托勒密的以地球为中心的太阳系模型没有受到挑战一样，盖伦的理论在解剖学中也被认为是神圣的。在整个中世纪，人们的好奇心就像是被冻僵了。而达·芬奇则听取了盖伦的建议："我们必须勇敢地追求真理，即使我们没有成功地找到她，至少我们会比现在更接近她。"

按照盖伦的说法，当心脏扩张时，它把肺里的空气抽了出来。这股空气进入左心室，在那里和血液混合起来，通过"内部加热"的方式产生出"活力精神"。而当心脏收缩的时候，血液和活力精神就从静脉流出，到达并"激活"所有的组织。

达·芬奇对心脏的兴趣非常强烈，他在笔记本中描述心脏的部分比其他器官要多得多。不幸的是，他也没能完全摆脱盖伦的影响。他主要通过10世纪波斯的博学大师阿维森纳（伊本·西拿的拉丁语名）和13世纪意大利的解剖学家蒙迪诺·德·卢齐的著作来了解盖伦的观点。

有些遗憾的是，达·芬奇以阿维森纳的《医典》和德·卢齐的《人体解剖学》作为他自己探索的起点。在少数情况下，依赖古老的文本使他走上了岔道或犯了不必要的错误。虽然如此，通过他自己细致的观察和实验，达·芬奇确实摒弃了盖伦那些含糊不清的概念，比如"内部加热"，还有神秘的"自然和动物的精神"等，取而代之的是那些与标准的流体运动相关的物理现象的概念。对达·芬奇来说，"心脏本身并不是生命的开端，但它是由厚实的肌肉构成的一种管道，由动脉和静脉提供活力和营养，就像其他肌肉一样"。

从这样一个简单而又关键的领悟出发，他进一步发现了盖伦没有提及的心脏的部分，最著名的是心房。达·芬奇正确地指出，它们是相互连接的空间，推动着血液进入心室。在一个更为基础的层次上，就其中涉及的基本的物理过程而言，他猜测，被他视为生命特征的热是因为血液的流入与流出发生的摩擦而产生的。他甚至用这个想法解释了伴随着发烧出现的脉搏加快："心脏跳动得越快，产生的热量越多。心脏的跳动引起脉搏，发烧时的脉搏向我们证明了这点。"

凭借一种勇于探索的精神，达·芬奇将富有原创性的实验和非常仔细的观察结合起来，发现了心脏的不同部分的功能。在他的许多实验中，他创造性地用玻璃模型代表主动脉，用一个可调节的袋子代表心室。[36] 在观察的时候，他通过追踪种子在流体中的运动来研究血液流动，此前，他曾经用同样的方式观察过河流中的水的流动。

最终导致达·芬奇没能彻底搞明白血液循环的概念与机制的主要障碍很可能是，他从来没有亲眼看到过对活人的胸腔的解剖。[37] 他没有机会亲眼观察到仍然在跳动的人类心脏，他肯定会把它看作一台出色的机器。全面了解循环系统，是100多年以后的英国医生威廉·哈维完成的。不过，通过艰辛的调查研究，达·芬奇完成的事情仍然相当了不起。他完全依靠自己，在对生命过程的描述中几乎彻底清除了盖伦那些不合理的内容，并将生命本身置于普适的物理法则的范围内。他那清晰而充满预见的判断标志着即将到来的科学觉醒的黎明。"自然不会把运动的能力给予那些没有机械式器官的动物，我在本书中已经揭示了自然赋予动物的运动能力。因此，我定义了自然的4种力的法则。"

简单地说，达·芬奇抛开了盖伦、阿维森纳、德·卢齐和其他的著作中的神秘的黑胆汁、能力和精神等概念，取而代之的是他自己的运动、重力、推动力和撞击力——这些是机械力学的基础要素。他还进一步用这些概念解释了完整的生理过程。举例来说，他正确地描述了脉搏："当它们（血管）接收到大量的血液时，它们就会扩张；而收缩则是因为它们接收到的大量的血液流出去了。"

按照现代的标准，他的许多方法并不科学，这是一个毫无疑问的事实。但是他用物理而不是超自然的因素去解释现象，这体现了关于科学研究的真正本质的现代观点的萌芽。[38] 他的方法以观察为基础，注重经验研究，最终造就了诸如伽利略、牛顿、迈克尔·法拉第和达尔文那样的充满好奇心的伟大科学家，还包括像约翰·洛克那样的经验主义哲学家。约翰·洛克认为，知识是我们通过感官的感知和理性的思考获得的，而不是由一种神圣的力量放在我们头脑中的。

矛盾的个性与无穷的好奇心

那么究竟是什么，使达·芬奇与在他之前的解剖学家、水利学家、植物学家和技术人员区别开来呢？为什么受训成为艺术家的他能够成功地揭示科学和技术的发现，并且即使偶尔犯错，他也遥遥领先于同时代的那些更为专业的人士呢？毕竟，他所能得到的机会，比如解剖学研究，在那个时代的任何一个科学家、艺术家也都能获得。这些问题的答案是如此简单，听起来简直就像是老生常谈：达·芬奇有着一种难以抑制的好奇心，他努力通过自己的观察来直接满足它，而不是依赖于权威人物的思想。使他从同时代人中脱颖而出的，不是某次特定研究的结果，甚至也不是他在特定研究中使用的方法，而是他认为几乎每一种自然现象都很有趣且值得研究这一事实。

如果他的观察与普遍流行的理论不一致怎么办？达·芬奇毫不含糊地回答道："在那种情况下，我们需要修改甚至彻底抛弃理论。"用他的话说："人们错误地指责无辜的经验，指责她欺骗我们，导致错误的结果……经验并没有错，错的是我们的判断，我们以为可以从经验中得出那些并不在她的能力范围之内的判断！"[39]

以解剖学领域为例。对许多中世纪的解剖学家来说，解剖仅仅起到了确证阿维森纳的教导的作用；而达·芬奇进行解剖则是为了自己去探究和发现事物。同样，在机械力学领域，达·芬奇在最早时期的著作中确实考虑过同时代的关于永动机的想法，但到了1494年，基于自己的实验所得到的结果，他确信许多设计是不可能成功的。"哦！永动机的探求者们，你们在此类追求中创造出了多少徒劳的幻想。去吧，去做淘金客吧！"[40]

正如我已经提到的，在达·芬奇的人格中有许多特征值得仔细观察。第一，他过着相当孤僻的生活，而他又痴迷于记录每一个想法，估计部分原因是为了让别人最终能够读到它们，这里存在着明显的矛盾。有人猜测，他之所以从右到左地写作，是因为他试图增加人们阅读他的笔记的难度，不过我们很快会看到，事实很可能不是这样的。

第二，达·芬奇是冷静的、似乎不动感情的自然世界的分析者，同时他又是细致的、浪漫的人类细微情感的绘画者，这里存在着矛盾。在他的全部作品中，他只在一次写作中流露出了个人情感（他在绘画中则经常这么做）。他描述了他的一次山中旅行。

> 围绕着黝黑的岩石游荡了老远，我来到一个巨大山洞的入口。[41]我在它面前站了许久，感到震惊，甚至都没有意识到这么一个东西的存在。我的身体前倾成弓形，我的左手撑在膝盖上，右手则搭在紧锁的眉毛上；我朝这边弯弯腰，朝那边弯弯腰，想看看我能否在里面发现点儿什么，

发现某个被里面的深深的黑暗包裹着的东西。就这样在那里待了许久之后，我的心头涌现出了两种对立的情感，恐惧和期待——我对险恶的黑暗山洞感到恐惧，又期待着搞明白里面是否有什么神奇的东西。

正如我们会在第四章看到的，在这段话中，达·芬奇无意识地捕捉到了好奇心具有的特征之一：它是一种兴奋与忧虑的矛盾的结合。在一定程度上，对某个主题的不确定感会增强人的好奇心。不过，超过特定的程度之后，不确定的感觉变得更加强烈，这会导致不安甚至恐惧。

达·芬奇满怀热情，要在世上尚未被探索的地方发现新的事物，这又让人想起了另一位同样非常杰出，但是也给社会造成了挑战的人物——牛顿。在他去世前不久，牛顿说："我不知道在世人心中，我是怎样的人，不过对我自己来说，我似乎就是一个在海边玩耍的孩子，沉迷于时不时地找到一块更光滑的鹅卵石、一个更漂亮的贝壳，而在我面前的是尚未被发现的真理的海洋。"另一位出了名的好奇心十足的人——爱因斯坦则说道："这个巨大的世界独立于人类而存在，它在我们面前就像一个庞大的、永恒的谜；而我们的观察与思考至少可以使我们对它略知一二。"[42]

第三，有观点认为，达·芬奇极其热衷于通过调查或实验探究新的问题，但他很少完成它们。我们该怎么解释达·芬奇个性中的这些相互矛盾的特征？它们和他那无穷的好奇心有关吗？

非常有趣的是，正是这种从一个极端变化到另一个极端的不同寻常的能力，表现出一种特性的两个极端，希斯赞特米哈伊称之为"复杂性"。他认为，这是创造性人格区别于其他人格的主要特征。[43] 用他的话说："他们（有创造力的人们）中的每一个个体并非作为'一个人'而存在，而是作为'一个群体'而存在。"为了展示他所称的"复杂性"，希斯赞特米哈伊列举了一些明显对立的特征，这些都是有创造力的人们颇为矛盾地表现出来的特点。比如，大量的体育运动和长时间的安静与休息；承担责任和不负责任；想象与幻想能力和坚实的现实感；内向和外向；甚至还有"心理上的双性同体"，即一种罕见的不同举止仪态的组合，其中既包括很典型的"女性化"举止，还包括很典型的"男性化"举止。

这份列表非常符合达·芬奇的情况。就最后一条怪癖而言，很多人，包括西格蒙德·弗洛伊德，都认为达·芬奇是同性恋，虽然这很可能是潜在的。[44] 而且他还经历了非常极端的转变，从像一个未成年人那般拥有强烈的性渴望，到像一个成人那般冷淡、没有性渴望。他高度符合关于复杂人格的描述，这也没什么奇怪的，因为他显然是一个极富创造力的人。这是否意味着充满好奇和具有创造力就是一回事呢？虽然人们经常搞混这两个概念，但它们其实并不是完全一样的。一个富有创造力的人提出的想法或从事的活动，能极大地改变现有的文化领域，或者创造出全新的领域。好奇心并不是创造力的充分条件，不过，好奇心显然是创造力的必要条件。事实上，希斯赞特米哈伊发现，在实践中，他采访或者研究过的每一个具有创造力的人都展现出了超乎寻常的强烈的好奇心。

有一则很有趣的逸事，说的是达尔文如何概括总结好奇心在具有创造力的人身上发挥的作用。1828年，达尔文来到剑桥大学，他非常热衷于收集甲壳虫。有一次，他从一棵枯死的树上剥下树皮，发现了两只步甲，便一手一只把它们抓住了。这个时候，他发现了一只罕见的有十字形图案的步甲。由于不想失去它们中的任何一只，他把一只步甲放进嘴里含着，空出手去抓那只罕见的步甲。这一冒险之举没得到什么好结果。在达尔文嘴里的那只步甲释放出一种难闻的气味，他不得不把它吐了出来。显然，他失去了全部的步甲。尽管结果让人失望，但这个故事确实展示出了好奇心那令人难以抵抗的吸引力。

达·芬奇的个性还有另一个有趣的方面。参见下面列出的"症状"。[45]

- 很容易分神、忘事，经常从一种活动转移到另一种活动；
- 难以专注于某事；
- 在做某事仅仅几分钟之后就会感到厌烦，除非是做某些愉快的事情；
- 难以专心致志地组织并完成某事或者学习新的东西；
- 难以完成任务或者干脆放弃任务；
- 到处转悠，触摸或玩耍看到的每件东西；
- 持续地活动。

人们很可能会指出，达·芬奇即便不具有上述所有症状，也具其中的绝大多数。这是一张用来诊断一个人是否患有注意缺陷多动障碍的不完全的症状列表。有没有可能，达·芬奇的兴趣总是变来变去以及他难以完成工作，这些都证明他患有注意缺陷多动障碍？或者这只是上网自诊狂的一个例子（即有的人通过上网搜索，找出那些明显的症状，并因此诱发了自己的相应症状，从而以此为依据做出诊断）？对我们来说，更加重要的是，在注意缺陷多动障碍和旺盛的好奇心之间，是否存在着已知的或者假定的联系？

对于一个已经去世了500多年的人，我们无法做出可靠的诊断，而我也不打算装作一个心理传记作家。不过我确实被后面这个问题所困扰，并为此咨询了一些专家。我尤其感到好奇的是，一个患有注意缺陷多动障碍的人能否像达·芬奇那样，在相对比较长的一段时间里将注意力集中于一个特定的主题。

"绝对可以，"伦敦国王学院的一名注意缺陷多动障碍的研究人员约恩纳·昆齐告诉我，"患有注意缺陷多动障碍的成年人如果真的对某事有兴趣，他们是可以集中注意力的。事实上，人们发现，即使是患有注意缺陷多动障碍的孩子，如果在玩吸引他们的电脑游戏，他们也能够很好地集中注意力。"昆齐指出，某些患有注意缺陷多动障碍的人能够很好地利用这一点。英国奥运会奖牌获得者、体操运动员路易斯·史密斯就是一个例子。他把注意缺陷多动障碍和严格的训练成功地组合了起来。

纽约儿童心理研究所的神经科学家迈克尔·米勒姆同意昆齐的观点，他说："注意缺陷多动障碍能够引导某些有很高智力的人'跳出圈外'去思考问题。"

在好奇心和注意缺陷多动障碍之间，是否存在什么已知的关联呢？昆齐指导我了解了一系列研究。它们证明，在多动冲动和寻求新奇事物的性格特征之间存在联系，而后者正是多样型好奇心的一个主要特征。[46]换句话说，容易分神可以被视作好奇心的一种强烈的过度表现。这种联系有什么生理学理论上的依据吗？昆齐和米勒姆都做过解释，有大量研究指出，注意缺陷多动障碍很可能和神经递质多巴胺的水平有关。[47]这是一种在神经元之间传递信号的化学物质，在大脑的奖励系统中发挥着主要作用。也就是说，如果真的存在这么一种联系，这意味着好奇心和奖励之间存在关联。是否有研究支持这种关联呢？答案是肯定的。我们将在第五章和第六章对此进行探讨，我会详尽地讨论大脑中与激发和满足好奇心有关的过程。

回到达·芬奇和他的兴趣这个话题，他坚持研究某个主题的时间似乎刚好等于他对这个主题感到好奇的时间，绝不会比这更久。一旦他对某个特定项目的好奇心减弱，他就找不到继续进行下去的理由了。他是否患有注意缺陷多动障碍呢？我们可能永远不会知道答案了，不过昆齐和米勒姆可不会对这个想法一笑置之。正如布拉德利·科林斯在他的书《达·芬奇、心理分析和艺术史》中所写的那样："心理传记所做的断言必须承担双重的责任,这些断言不仅得是真实的,还得是相关的。"[48] 我相信,达·芬奇是否患有某种形式的注意力缺乏症这个问题是具有相关性的,虽然我不敢说他肯定患有这种病症。有人也许会说,从行为抑制到冲动行为,注意缺陷多动障碍可以被视作寻求新奇的极端表现,而寻求新奇肯定是达·芬奇具有的一种特征。

波兰裔美国数学家马克·卡克在他的自传中区分了两种类型的天才。[49]

就像在人类从事的其他领域中一样,在科学领域中存在两种类型的天才:"普通型"和"魔术师型"。一个普通的天才是你我都可能成为的那种人,或许他只比我们好几倍。他的脑子是怎么运转的,这当中没什么神秘之处。一旦我们搞明白了他做到的东西,我们就会觉得,其实我们也可以做到。魔术师型天才则与之不同。用一句数学的行话来说,他们是我们的正交补,他们的大脑的运作方式,包括其意图和目的等,都是我们无法理解的。即使我们明白了他们的成果,他们实现这一成果的过程对我们来说依然是完全不可理解的。他们的学生(如果有的话)非常少,因为他们是不可模仿的,而且对一个非常年轻的人来说,要适应魔术师型天才的大脑神秘的运作方式,肯定是非常令人沮丧的。

你大概会认为,卡克在写下这个令人费解的段落时,脑子里想的是达·芬奇,其实他指的是理查德·费曼。对卡克来说,费曼是"最高级别的魔术师型天才"。

第三章
另一个好奇的人——理查德·费曼

当理查德·费曼还在普林斯顿大学的研究生院学习物理学的时候,一篇心理学的文章引起了他的注意。作者认为,我们大脑中的"时间意识"在某种程度上是由与铁元素有关的化学反应控制的。费曼很快得出结论,这"纯属胡扯"——作者推理的过程太含糊,涉及太多步骤,其中的每一个环节都可能是错的。[1]尽管如此,他还是被这个问题本身深深吸引了。究竟是什么控制着我们的时间感知呢?为此,他开始了自己的一系列研究,即使这个问题和他当时正在从事的研究毫无关系。

一开始,他向自己证明,他能够在脑中以一个标准的、大致恒定的速度计数。然后,他开始思考什么因素会影响这一速度。一开始,他认为这个速度很可能和心跳的速度有关,他在楼梯上来回奔跑以后（这样就会加快心跳速度），重复了之前的计数实验，结果发现心跳速度对此没有影响。于是他试着在准备洗衣清单或者是读报纸的时候计数，结果发现这些活动都不会影响这个速度。最终他发现，有一件事情是他在计数的时候肯定没法做的：他没法讲话。造成这一现象的原因在于，他计数的时候实际上是在自言自语。与此同时，他还发现，曾经和他讨论这一问题的某个同事用了一种不同的方法，在心里计数：他在脑中形成了一种视觉形象，可以看到一个印有数字的移动的胶带。虽然这位同事在计数时无法阅读，但他能轻而易举地说话。从这些看起来微不足道的实验中，费曼得出结论，即使是在心里计数这样一个简单的举动，也涉及了不同的人的大脑中的不同过程：计数对一个人意味着"说话"，而对另一个人则意味着"阅读"。

顺便说一句，人的大脑中并没有某个单独专门负责记录时间或身体的内在时钟的区域。确切地说，控制时间感知（还有我们熟知的时差感）的系统广泛地分布于大脑中，涉及大脑皮质、小脑和基底神经节。肝、胰腺和其他部位中的基因使我们身体的各个部分保持同步。比如，身患帕金森病的人在估计时间的时候，就很容易误判已经过去了多长时间。[2]这个课题一直都是一个非常活跃的研究领域。

这个模式贯穿了费曼的一生，他想搞明白每一个吸引他的现象。他在如下领域做出了重大贡献，如电磁和光的量子理论、超流理论——用以解释无摩擦的液态氦的特殊性质——以及对造成某些放射性衰变的弱核力的理解。除此之外，他还坚持不懈地寻求解答那些看起来很平常的、日常的难题。他那充满好奇的头脑显然没有对他选择着手处理的问题进行重要性排序。他会尽最大努力尝试寻找一个关于重力的量子理论——这是一个一流的物理学家仍然在为之奋斗的非常困难的问题，他也会研究如何把纸条折成某种特定的形状。和达·芬奇一样，费曼也对海面上被风吹动的波浪感到痴迷，就像他对光滑表面上产生的摩擦感到痴迷一样。他致力于计算机科学中诸如信息和熵（一种对无序和随机性的测量方式）等前沿概念的研究，关注平平无奇的关于晶体的弹性性质的研究。[3] 只要能够用一种原创的办法来处理，没有任何问题是太小或者太乏味而不值得他去解决的。这是费曼被称为"物理学界的夏洛克·福尔摩斯"的部分原因，他可以利用只有他才能发现的线索去揭示最令人困惑的或大或小的宇宙秘密。

费曼不仅仅被科学所吸引。在与他的艺术家朋友基拉亚·左赐恩（人称"杰里"）进行了一系列关于艺术和科学的区别的讨论之后，费曼决定，在星期日，他可以教左赐恩物理学，而左赐恩可以教他绘画。在描述这个约定的达成过程时，左赐恩是这样写的，费曼一大早来找他，对他说："杰里，我有个主意。[4]你对物理学一窍不通，而我则对绘画一窍不通，不过我们都很崇拜达·芬奇。那么，挑一个星期日，我教你物理学，然后在下一个星期日，你再教我绘画，这样我们就都变成了达·芬奇。你觉得怎么样？"费曼后来是这样解释他学习绘画的主要动机的："我想传达那种世界之美在我心里激发的情感……那是一种敬畏感——对科学的敬畏，我觉得可以通过绘画将它传达给同样有这种敬畏感的人。"[5]

这和达·芬奇表达的是同一种情感，他写道："绘画驱使着画家的思想转变为大自然的思想，成为自然和艺术之间的诠释者。"[6]

艺术是小我，科学是大我？[7]

许多个星期日过去了，费曼在努力地教左赐恩物理学，同时向这位艺术家学习如何绘画；很明显，费曼取得了某些进步，而左赐恩却毫无进展。对此，费曼写道："我放弃了这种想法，即认为我可以让一位艺术家领会我对自然的感受，然后他就有可能展示出来。[8]现在我不得不加倍努力学习绘画，这样我就可以自己把这些感受画出来了。"人们后来发现，费曼画的第一幅画在加州理工学院的一个小型艺术展览上出售，这幅画名为《太阳的磁场》，这个名字相当科学。他是这样解释创作这幅画的原因的："我知道太阳的磁场是怎样支撑日珥的火焰的，而那个时候我也学会了一些画磁场线的技术（这有点儿像一个小姑娘的卷发）。"这难道不令人着迷？达·芬奇把水的波动画得像发卷，而费曼则把太阳的磁场画得像卷发！

费曼还和达·芬奇持有同样的观点，即懂得自然现象的科学解释和背景不会减损他们的情感。他认为，如果这会有什么影响，那这也只会加强他们的情感。他反复提及这一主题。"诗人说，美丽的星星在科学家的眼里，只不过是由气体原子组成的球体。"[9] 这里，他指的是19世纪英国浪漫主义诗人约翰·济慈的轻蔑的评论。济慈愤怒地写下了一首诗。[10]

哲学将会裁剪一个天使的翅膀
用规则和线条征服所有的神秘
清除忧郁的空气和居住在矿井中的土地神——
拆解一道彩虹

济慈居然天真地指责科学扼杀了好奇心。而与他同时代的神秘主义诗人威廉·布莱克也表达了同样的看法。他写道："艺术是生命之树，科学则是死亡之树。"[11] 布莱克的表达更有视觉效果。在他创作的一幅用铅笔、水笔和水彩完成的名为《牛顿》的画中，这位著名的物理学家的手中正拿着一个圆规。对布莱克来说，这个圆规代表着束缚想象力的工具。在画中，牛顿着迷于他的科学图示，对身后具有错综复杂的美的岩石视而不见。而布莱克很可能用这些岩石来象征创造性的艺术世界（见图 3-1）。

图 3-1 《牛顿》

对此，费曼恐怕难以认同。他写道："在沙漠的晚上，我也能看到星辰,并感受到它们的美。不过,我看到的是更多的还是更少的呢?天空的广阔使我的想象也随之伸展——我深深着迷于这个旋转木马(自转的地球),我的眼睛竟能看到100万年前的光(光从距离我们100万光年远的地方到达我们这里)。这是一个宏大的空间,而我只是其中的一部分,也许我看到的光线来自某个被遗忘的星球……什么是空间?什么是意义?什么是原因?多了解一点儿无损于宇宙的神秘。因为真理远比以往任何一位艺术家所能想象到的壮丽!"[12]

费曼指出,知道一点儿宇宙中的星体、现象和事件背后的科学,只会使我们更懂得欣赏自然的美丽,我们对这一壮丽宇宙的运行所抱有的好奇只会被极大地加强,而不会被减弱。"科学知识只会增加我们在面对一朵花时所感到的兴奋、神奇和敬畏。"正如我们在第四章将要看到的,现代心理学和神经科学研究支持这样的观点:如果我们对某个特定的主题有了一定的了解,并发现我们的知识还存在需要填补的欠缺,这会比我们对此一无所知更容易激发我们的好奇心。

你可别认为费曼只对和物理学有关的问题感兴趣,比如磁场。和大多数艺术专业的学生一样,他也会去寻找愿意为他摆姿势的女模特。在那本异想天开的书《别闹了,费曼先生》中,他记叙了这样一次经历。"我想让我认识的下一个女孩为我做模特,她是加州理工学院的学生。[13] 我问她能不能做裸模。'当然可以。'她说。于是我们就那样做了。"正如左赐恩所说:"他真的对素描很感兴趣,当然,额外的福利就是那些女孩们。"[14]

我知道那个女学生是谁。她现在可是一位非常出名的天体物理学家,也是我的一位好朋友,她的名字叫弗吉尼亚·特林布尔,目前任教于加州大学尔湾分校。"费曼每小时付给我 5.5 美元,让我做模特,此外他还负责教我所有我能听懂的物理学。"特林布尔告诉我。他们大概合作了 24 次。其中有一次,费曼在约定当天得到通知,他获得了诺贝尔物理学奖。"他过来告诉我,我们只能取消那次约定了。"特林布尔笑着回忆。

我问特林布尔,在她做模特、学习物理学或者和费曼聊天的时候,她是否发现费曼会对那些与基础物理学(他最为出名的研究领域)不怎么有关联的问题感到好奇。"当然,"她回答,"有一次他非常好奇,想知道是什么决定了一根蜡烛的亮度。他完全不理会此前人们为了搞明白这个问题所做过的尝试——他完全靠自己解决问题。"她补充道,"他不喜欢沉默。"

费曼的妹妹、天体物理学家琼·费曼使我对此有了进一步的了解。"对他来说,自己想明白一个问题远比读由以前的人写的任何东西要容易得多。因为后者需要阅读,而书里的东西又是错的。"

凯瑟琳·麦卡尔平-迈尔斯以前大概是费曼喜欢的模特,她曾经表达过类似的感受。"我不知道我能否真的说明白,不过对于各种状况,他都抱有非常强烈的好奇心。[15]具体是什么状况并不重要——对他来说,任何状况都是非常令人好奇的,他就是想知道会发生什么。"这种想自力更生地探究每种事物的态度令人想起达·芬奇的说法:"虽然我不像他们那样,可以引经据典,但我的依据是更伟大、更有价值的东西,即经验。"事实上,如果不是因为那上面写有更复杂的数学知识,费曼1985年的速写本中的任意一页看起来都几乎像是从达·芬奇的笔记本中撕下来的。

尽管在达·芬奇和费曼之间隔着大约5个世纪的科学发展,有些吸引他们的主题却是重合的。举例来说,他们都对烛光的物理学原理感到痴迷。在一份以《大西洋古抄本》而知名的草稿中,达·芬奇用了相当大的篇幅探讨"火光的运动"。这份文献总结了达·芬奇用燃烧的蜡烛所做的细致的实验,以及他对跳动的火光的观察。更加重要的是,这个文本有力地证明了达·芬奇有能力从一个现象中提出有洞察力的结论,再将之转变为关于普适的法则的深刻见解。他认为，这些普适的法则决定着所有的自然过程。用研究达·芬奇的专家保罗·加卢齐的话说，达·芬奇"记下了由他桌子上燃烧的蜡烛所触发的一组非常了不起的想法"，而他大胆展开的分析则使他对人体和物质世界有了统一的看法。[16]

彻底改变物理学的"费曼图"

在物理学领域，费曼做出的最持久的贡献是他发明的一种卡通般的图，他用图像的方式展现了亚原子粒子和光之间的相互作用。这些"有趣的画"——费曼曾经这样描述它们——如今被称为"费曼图"。[17] 图 3-2 中就是两个这样的图例。让我们首先用最简单的术语来理解这个图例究竟意味着什么。左边的图展现的是两个电子正在相互接近，并通过一个"虚拟"的（不可观测的）光子——电磁力的载体——相互作用。也就是说，这个图例表达的是，两个带负电荷的电子，在通过时间和空间相互作用时相互排斥。在右边的图中，一个中子和一个被称为中微子的非常轻（且相互作用非常弱）的粒子通过交换一个虚拟的 W 粒子——弱核力的载体之一——相互作用，产生了一个质子和一个电子（见图 3-2）。

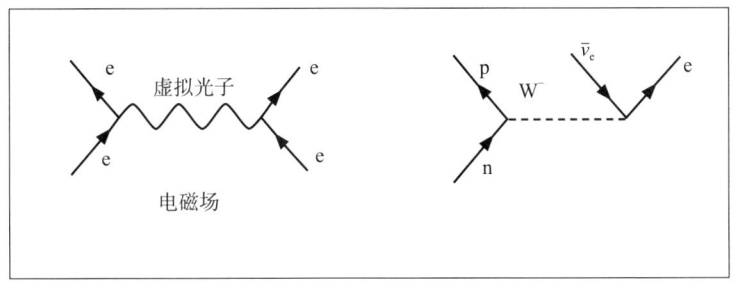

图 3-2 《费曼图》示例

  这些基本物理过程的视觉表现，我们怎么强调其重要性都不为过。就像达·芬奇用他杰出的艺术才能描绘出了我们的眼睛所看到的现实（同时也向我们展示出他思维运作的某些方面）一样，费曼以其无可匹敌的物理学直觉发明了一种全新的图像式的方法，来展现不可见的亚原子的世界。关键之处在于，这些图像不仅仅是具有象征性的卡通图画。它们提供了一种精确的方法，用以呈现和计算所有"虚拟"过程的概率，这些过程有助于我们研究特定的相互作用，并能帮助我们生成可以直接与实验结果相对照的理论预测。举例来说，这种新的思维方法最终使我们能够预测与电子有关的微小磁铁的强度。这一理论预测与同等量级的实验测量结果是一致的，误差在万亿分之几以内。[18]

  费曼图为物理学家们提供了一种全新的、非常有用的工具。在费曼看来，除了计算，这些图像还有一些被忽略的作用：它们对反应过程中的每一步都进行了清晰的说明，而这一点只有通过视觉化才能实现。事实上，费曼相信，如果仅仅依赖于计算，那么就连爱因斯坦也会失去其魔力。有一次，他对物理学家弗里曼·戴森提及（并且戴森深表同意），爱因斯坦的伟大成就来自他的物理直觉；而爱因斯坦之所以失去了创造力，就是因为他不再借助具体的物理图像去思考问题，而是成了一个只会拨弄等式的人。[19]

"容易分神"的费曼

虽然费曼绝大多数的著作都是物理学方面的，但是他常常思考物理学和其他学科之间的关系。[20]比如，他注意到，理论化学实际上就是对量子力学法则的运用，所以它是物理学的一部分，尽管由于所涉及的系统非常复杂，在化学中做出精确的预测有时候会很困难。在加州理工学院物理系工作的时候，费曼将注意力转向了生物学，在学院部分同事的帮助下，他刻苦学习了将近一年的生物学。他学到了足够多的生物学知识，这些知识使他在基因突变领域做出了原创性的贡献。他指出，就其本质而言，生命的过程，从血液循环、通过神经传递信息，到视觉和听觉的工作方式，都是由物理定律控制的。而这恰恰是达·芬奇的观点，虽然达·芬奇并不清楚这些定律究竟是什么。在他著名的物理学演讲当中，费曼试图比较详细地解释酶、蛋白质和DNA（脱氧核糖核酸）的基本工作原理。[21]虽然认识到生物成分和过程的内在复杂性，他还是觉得有必要强调，物理学的视角为我们努力理解生命提供了坚实的基础。用他的话说，"万事万物都是由原子构成的""有生命的东西做的每件事情都可以被理解为原子的运动"。虽然这一断言听起来有些含糊，但对绝大多数科学家来说，它是毫无争议的基本真理。

费曼曾被天文物理学家们的发现所吸引：在恒星核心的极度高温的环境中，核聚变反应把轻的原子聚合起来，变成了重的原子，这使太阳和恒星充满了能量。如今，天文学和物理学之间的合作非常密切，诺贝尔物理学奖有时候也会被颁发给天文学家。

天体物理学还给了费曼另一个机会去表达他的观点，即认识自然现象背后的科学会放大这些现象的影响和意义。首先，他对于诗人似乎没能领会关于行星和恒星的美妙知识感到惋惜："诗人是怎么回事呀？他们谈起木星来，就好像它是一个人；而如果说它是一个由甲烷和氨组成的巨大的旋转球体，他们就哑口无言了。"另外，他还通过给《洛杉矶时报》写信，表达了自己对诗歌的不满。作为对他的来信的回应，罗伯特·魏纳小姐给费曼写信反驳他的指责："实际上，现代诗人的写作题材包罗万象，包括星际空间、红移和类星体等。"[22]她还附上了 W.H. 奥登的一首诗《读完一本现代物理学儿童指南之后》。费曼并没有被说服，1967 年 10 月 24 日，他在回信中提到，这首诗只不过证实了他的观点，即诗人"对于人们最近 400 年来在自然方面的发现并没有表现出充满情感的赞赏"。

在此背景下，费曼喜欢讲一个故事（它很可能是伪造的）。现在有些人认为故事的主角是天体物理学家亚瑟·爱丁顿，有些人则认为是物理学家弗里茨·豪特曼斯；他们都是科学方面的先驱人物，认识到恒星的能量来自其内部的核聚变反应。这则逸事讲述的是，爱丁顿（或者是豪特曼斯）和他的女朋友在观赏夜空中的星星。他的女朋友说道："看，闪亮的星星是多么美丽！"[23]对此，爱丁顿（或者是豪特曼斯）回答道："是的，此时此刻我是这个世界上唯一知道它们发光的原因的人。"那位年轻的女士只是报以嘲笑。此处的重点不是这个故事的真伪。豪特曼斯的女朋友、日后的妻子夏洛特·里芬施塔尔本人就是一个物理学家，她当然深知解开恒星能量的来源的秘密是多么重要。这个故事的意义在于，费曼相信它是真的。对他来说，这再次证明了人们对科学的"诗意"缺乏认识和重视。

丝毫不令人吃惊的是，费曼指出，在气象学和地质学领域，物理学家们没有成功地做出详细的预测。在天气预报中，他注意到人们对湍流的认识相对贫乏（他对这一课题表现出了强烈的兴趣，但至今还没有取得大的突破）；而在地球科学领域，他认为，我们在引起火山活动和地球内部环流方面的知识还有很大的欠缺。就此而言，费曼的一个性格特征是，他会毫不犹豫地承认自己的不足："我们在地球科学方面所做的工作远不如在天体方面做的工作好。"然后他很快补了一句（语气中半是失望半是希望）："其中涉及的数学太难了，不过很可能不久就会有人意识到这是一个重要的问题，并把它解出来。"换言之，他希望有人会像他一样总是充满好奇，会挺身而出接受这一挑战，试着解答那些难题。

在其将物理学与其他学科联系起来的过程中，费曼所接触到的最复杂、最有趣的话题当属心理学。在下面这个富有洞察力的问题中，费曼的好奇心被展现得淋漓尽致。"一只动物学会了某些东西，它能做到的事情就不同于之前，那么它的脑细胞肯定也发生了变化，只要它是由原子构成的。那么它的大脑是如何发生变化的呢？"费曼接下来说的话反映了一个时代的情绪，当时还不存在 fMRI（功能性磁共振成像）技术，人们也无法进行颅磁刺激实验来获取大脑在工作时的图像。费曼说："在某件事被记住以后，我不知道要到大脑的什么部位去找，或者说我不知道要找什么。"不过，他还是半开玩笑而又充满洞察力地看到了前进的方向："如果我们能搞明白狗的大脑是怎么工作的，我们就能够走得远一点儿。"

使费曼与其同辈人判然有别的是，他强烈的兴趣不局限于物理学的众多领域，还涉及了与之相距甚远的主题。他那位艺术家朋友左赐恩提到，他曾经听到费曼在加州理工学院的同事、本身也是杰出物理学家的默里·盖尔曼抱怨费曼为太多东西分神："我们需要他为加州理工学院做出贡献，我们需要他和我们谈论物理学。"[24]可是他在干什么呢？他跑出去了，把时间都花在了女孩、邦戈鼓手和艺术家身上。"

你也许会认为一个像费曼这样有着广博的知识、旺盛的好奇心，并且对基础物理学的每个领域都有兴趣的人，应该会到处宣传那种以"万物理论"为名的东西。那是一种理论框架，能够涵盖并解释所有基本的亚原子粒子，并统一自然界所有基本的力。不过，费曼对此颇为犹豫。他说："人们认为他们已经很接近答案了，不过我不这么认为。"[25]他甚至对存在这样一种理论都感到惊讶："自然界有没有一个终极的、简洁的、统一的、美丽的形式，这是一个开放的问题。我不知道谁对谁错。"

最终，他认识到，即使是他那样的难以被满足的好奇心也有终点。就像达·芬奇不得不接受，他看到的山洞里也许隐藏着"神奇的东西"，但他无法进入，费曼也承认："我并不觉得我必须知道答案。对于一无所知，没有任何目的地迷失在一个神秘宇宙当中，我可没觉得有什么可怕的……这没有吓到我。"

令人好奇的是，还有一件事和费曼与达·芬奇有关，尽管由于两个人的时代之间存在着巨大的技术鸿沟，他们与这个主题的联系表现得截然不同。这里说的是写作这一简单的行为。

不同寻常的写作爱好者

众所周知，在他的绝大多数笔记中，达·芬奇都是用镜像的方式写作的，也就是说，他从纸张的右边开始往左边写，形成的文本只有在一面镜子里看起来才显得正常。我们不清楚为什么达·芬奇会选择这种独特的做法；在给别人写便条时，他肯定是从左往右写的。对此至少出现过两种观点，一种是阴谋论，而另一种更实际一些。第一种观点认为，达·芬奇是想隐藏自己的想法，不被别人发现，这里的"别人"既包括可能窃取其发明的人，也包括教会的人，他们的教义与他的观察存在冲突。第二种观点则指出，达·芬奇是个左撇子，从左往右写就会导致他的手擦过他刚写好、还没干透的墨水。

我注意到，加卢齐深信阴谋论是一种烟幕弹。他指出，对左撇子来说，从右往左写字非常自然。"而且，"他说，"镜像写作是一种非常愚蠢的隐藏事物的方法，因为别人靠一面镜子就可以很容易地阅读文本。"

在1959年的一次演讲中，费曼表达了他对写作的兴趣。他的开场白是一个令人吃惊的问题："为什么我们不能在一根针的针尖上写满整整24卷的《不列颠百科全书》？"[26]然后，他以其如剃刀般锋利的逻辑分析了这一问题。我们可以很简单地进行估算，一根针的针尖是一英寸①的1/16，《不列颠百科全书》所有页加起来的总面积是针尖面积的2.5万倍。于是，费曼推论，这就意味着《不列颠百科全书》上写的每个东西都要缩小2.5万倍。不过，和达·芬奇一样，费曼可不是那种只会指出问题的人。他接着马上考察了按照物理学的规律，这究竟是否有可能实现。他注意到，即使经过了这样的缩小，百科全书精细的半色调复制品中的每一个小点的面积仍将包含大约1 000个原子，所以"毫无疑问，在一根针的针尖上有足够的空间"。他还进一步指出，即使是使用20世纪50年代后期的技术，这样的文本也是能够阅读的。

---

① 1英寸=2.54厘米。——编者注

费曼好奇的是，如果《不列颠百科全书》可以这样操作，为什么人类在其整个文化史中记录在书本上的重要信息不可以这样操作呢？他估计，完整记录下所有的知识需要 2 400 万卷书。然后他得出结论，即使没有经过编码，而只是简单地复制并缩小这些现存的知识，我们也只需要《不列颠百科全书》中的 35 页纸。他承认，当时还没有技术可以实现这点，不过他坚信这一困难不是不可克服的。为了进一步得到结果，他悬赏 1 000 美元寻找能够把一张纸缩小 2.5 万倍，并保证上面印的东西还能够阅读的人。

费曼的推论是对的。这笔奖金最后在 1985 年被汤姆·纽曼领走了。[27] 他那时刚从斯坦福大学毕业，通过使用与在电脑芯片上刻印电子回路同样的技术，取得了他所期望的缩微效果。他把《双城记》的封面缩小到 5.9×5.9 微米的大小，得到的文本可以通过一台电子显微镜来阅读。这进一步增强了人们对费曼那传奇般的直觉的信心。

当今的纳米技术——在原子或者分子水平上进行的操作——在缩微工艺上取得的极大的成就，对我们来说已经是见怪不怪了。比如，新加坡科技设计大学的乔尔·杨就制作出了克劳德·莫奈的画作《日出印象》——印象主义运动正是由此画而得名——的缩微版本。[28] 通过用纳米硅柱替换掉油画颜料，杨制作出了这幅杰作的一个复制版本，其面积只有 1 英寸的 1/100。与之类似，"纳米圣经"是一个针尖大小的镀金硅片，上面刻印了整本《希伯来圣经》——一共超过了 120 万个字母。[29]

最后的好奇心

对于费曼那令人难以置信的求知欲，他的妹妹、天文物理学家琼·费曼提供了最令人震惊的例子。这发生在他临终之际。在对那个艰难的时刻的描述中，她写道："这个人已经昏迷了大约一天半的时间。他躺着，抬起了手，就像这样晃动着，好像一个魔术师，似乎在说'我袖子里可没藏东西'，然后他把手放在了脑后。这是在告诉我们，当一个人处于昏迷状态时，他能听见声音，还能思考。"[30]

她补充说，没过多久，费曼短暂地苏醒过来，幽默地点评道："这种垂死状态太无聊了，我可不想再来一次。"[31] 这成了他的遗言。对琼来说，迷人的是，即使到了生命的最后一刻，费曼"还在惦记着给生者提供更多的关于生命、自然和垂死状态的信息。他在即将离开世界的时候，还在观察自然"。

1988 年 2 月 15 日午夜前，费曼去世了。也许这些话可以最好地总结他的个性："我什么都不知道。不过我可以肯定，如果你探索得足够深入，每件事都是有趣的。"

1517年10月10日，阿拉贡的红衣主教路易斯拜访了达·芬奇。除了描述达·芬奇给红衣主教看的三幅画之外，红衣主教的秘书安东尼奥·德·比蒂斯充满惊奇地这样描述达·芬奇："这位绅士编写了一份关于解剖学的专著，其草图不仅包括身体的躯干，还有肌肉、神经、静脉、关节、肠子，以及其他可以在男人和女人身体里发现的东西。[32]他以一种前所未有的方式展示了这些事物。所有这些都是我们亲眼所见……他就水的性质进行了写作，还涉及了潜水机以及其他东西。他把这些写进了无穷无尽的卷宗中。"

1519年5月2日，达·芬奇在法国克鲁克斯庄园去世。他曾经写道："当我以为我在学习怎么生活的时候，我却在学习怎么死去。"[33]尽管瓦萨里生动地描述了临终的达·芬奇躺在弗朗索瓦一世国王的怀中的场面，但这很可能只是一个充满诗意的传奇故事。不过，这位国王充分认识到了达·芬奇的伟大价值。日后被弗朗索瓦一世雇用的雕刻家、金匠本韦努托·切利尼提到，国王曾经说过，他"不相信世上有人懂的和达·芬奇一样多，他不仅在绘画、雕刻和建筑领域取得了巨大成就，而且是一位非常伟大的哲学家"。

达·芬奇和费曼显然代表了极其罕见的高程度好奇人群。

他们都有能力把人的（事实上就是他们自己的）弱点变成宇宙大谜团中的一个有趣的部分。不过，在根本上，每个人都会有好奇心（除了那些罹患严重抑郁症或者脑损伤的人），虽然其深度和广度因人而异。事实上，地球上每出生一个孩子，就多了一个好奇心的重要来源。

从对达·芬奇和费曼的研究中，我们对好奇心有什么直接的、具体的认识吗？至少有一点很明显：大脑中负责唤起好奇心的机制显然和数学方面的超常能力无关（达·芬奇就不具有这种数学能力），也和杰出的艺术才能没有关系。倒不如说，强烈的好奇心的必要条件是一种处理信息的能力。达·芬奇和费曼对许多主题抱有强烈的好奇（琼·费曼告诉我，她的哥哥"以对自然的好奇心为乐"），这需要的不仅仅是高超的认知能力，还需要大脑的机制极其重视学习和获得知识。这必然需要我们高效地处理信息。

那么，对于好奇心的本质、机制和目标，当代科学界有哪些观点呢？在第四章和第五章，我会介绍现代心理学在发展中形成的一些观点和实验；在第六章，我会简单描述神经科学领域中的一些迷人的原创性成果。比起本书的其他部分，这三章的专业性更强，提到了那些真正令人兴奋的最新发现，它们极大地推进了我们对好奇心的理解。

第四章
对好奇心感到好奇：好奇心与信息获取

北卡罗来纳大学格林斯伯勒分校的心理学家保罗·西尔维亚以如下的冷静观察作为他的一篇关于好奇心和动机的文章的开头："在对人类动机的研究中，好奇心是一个旧的概念。就像心理学中的许多重大问题一样，好奇心的问题看起来似乎很容易解决，足以引起人们的兴趣，但是它又相当复杂，人们至今未能解决。"[1] 也许让你感到意外的是，西尔维亚是在 2012 年发表这番评论的。由此可见，在大约 20 年前，南佛罗里达大学的心理学家查尔斯·斯皮尔伯格和劳拉·斯塔尔发表了与此类似的观点，这应该不会让人感到惊讶。[2] "尽管许多研究人员努力研究好奇心和探索性行为，但相关的文献仍然主要是五花八门的理论观点和相互矛盾的实验发现。"事实上，好奇心的动机性质孕育了指向不同方向的心理学理论，这一事实意味着这是一个尚未定型的研究领域，在全面的、有说服力的关于好奇心的理论出现之前，我们还有不少工作要做。事实上，好奇心常常和其他与人类意识有关的心理学内容捆绑在一起；而人类意识，正如认知科学家、哲学家丹尼尔·丹尼特所说，"几乎是仅存的谜团"。[3] 简单地说，丹尼特的意思是，尽管如今我们知道怎么思考像空间、时间和自然规律这样的复杂概念（虽然我们对所有这些概念都没有一个确定的理论），但是意识"作为一个主题，常常使最老练的思想家哑口无言，感到困惑"。

全面把握好奇心的本质这一问题在某种程度上是复杂的，因为目前甚至还没有一个被大家普遍接受的关于好奇心这一术语的定义。结果就是，五花八门的现象都被归到了好奇心的范畴之内，比如人们想去进行深海探险的冲动，以及在电视上观看《危险边缘》所激发的情绪等。除此之外，由于神经科学是一个比心理学要年轻得多的学科，所以好奇心精确的神经科学基础甚至比其心理学基础更难理解。

得益于认知心理学的最新进展以及神经成像技术的成熟，尽管存在种种困难，但研究人员已经取得了重大进步，他们对好奇心的触发因素以及好奇心的运作机制进行了深入的研究，准确定位了人们在唤起和满足好奇心时，被激活的大脑区域。

为了避免在一开始就被大量细节所纠缠，我将首先采用罗切斯特大学认知科学家塞莱斯特·基德和本杰明·海登提出的一种相当宽泛的表述来定义好奇心：好奇心是获取信息的驱动力。[4]或者还可以说得更简单：好奇心就是想要知道原因、做法或者对象。在后面，尤其是在我讲到与认知以及神经科学的研究有关的内容时，我们将采用一个更明确、更清晰的定义。

好奇心的触发因素

在更深入地探讨关于好奇心本质的种种科学观点之前，我想先从一个（至少看起来）相当简单的问题开始：在日常生活中，人们通常会对什么感到好奇？为了初步回答这一问题，我在一些同事当中做了一次小范围的、并不科学的调查。我让他们描述，在他们的专业兴趣之外，什么最能激发他们的好奇心。我告诉他们，对于他们是否会偶尔屈从诱惑，偷窥一本打开的日记本，我没有什么兴趣；我更想听到的是那些他们确实为之付出了时间的事情，通过阅读、交谈、浏览网页或观看电视节目，他们被这些事情深深吸引且真正投入其中。

我发现，这16位被访者的调查结果相当吸引人，因为他们中没有人提到相同的主题。某人对"先天和后天"的谜团很好奇，想搞明白在决定人的成长和个性的过程中，究竟是遗传还是环境起到了主要作用。只有另外两个人提到的主题与这一主题有点儿关联。某人对儿童在学习时，其大脑的精确变化过程感到好奇；而另一个人则很想知道，思想开放的人的大脑和极为固执的人的大脑是否有可以被识别的生理性差别。正如我们将会看到的那样，这两个主题实际上都和好奇心有着直接的联系，因为人们相信，好奇心的主要"目标"之一就是尽可能多地学习，而且好奇心是开放的心态的特征之一。因此，在某种意义上，这两位同事都对好奇心感到好奇。

有两个人对运动的某些方面感到好奇：一个人很想知道兴奋剂对不同体育运动的影响程度，而另一个人则被体育背后的科学迷住了。有两个人好奇的主题与地球有关：一个与地球的地质史有关，另一个则与洋底广阔的未知世界有关。有两个人关心的主题与历史有关：一个人对第二次世界大战感到好奇，而另一个人则对我们从工业革命时代走到今天的过程感到好奇。剩下的同事都各自对独特的主题感到好奇：古迹、葡萄酒、记录人们生活的数据、室内设计中的色彩和形状、航线、蜂群衰竭失调，以及重要的社会活动家所取得的成就的编年史等。

尽管这个实验不具备系统性，但它展现出了一些有趣的方面：有些主题反映了人们的个人习惯，即人们主要为了愉悦或放松而形成的兴趣，比如室内设计、葡萄酒和古迹。其他对象之所以引起人们的好奇，似乎是因为它们令人吃惊或者出人意料，比如蜂群衰竭失调——全球范围内，工蜂突然从蜂群中消失的现象——以及自行车、棒球甚至网球中普遍存在的兴奋剂问题。好奇心的另一种激发因素被麻省理工学院的认知科学家劳拉·舒尔茨称为"混乱的证据"。换句话说，在模棱两可的情况下，人们很难在不同的、相互竞争的假设或观点之间做出决定，或者已知的信息不足以得出可靠的结论。[5]属于这个范畴的主题包括先天和后天的两难问题、开放和固执在人脑中是否具有可识别的区别的问题。

绝大多数美国人对什么感兴趣呢？为了寻找答案，我查阅了2012—2015年维基百科上被浏览次数最多的文章。位于清单前列的是科技公司及其社交媒体或信息产品（比如脸书、谷歌、YouTube、Instagram和维基百科）、电影大片和电视节目（比如《饥饿游戏》《绝命毒师》《复仇者联盟》《蝙蝠侠：黑暗骑士崛起》《星球大战：原力觉醒》）、名人死讯（比如尼尔·阿姆斯特朗、惠特妮·休斯顿、迪克·克拉克、玛格丽特·撒切尔、纳尔逊·曼德拉、罗宾·威廉姆斯、奥利弗·萨克斯、约吉·贝拉的死讯）、各种知名人士的生活（比如凯特·米德尔顿、金·卡戴珊、麦莉·塞勒斯），以及体育赛事（比如2014年国际足联世界杯)。

这些粗略的网络调查显示，很多额外的因素都能激发好奇心。举例来说，对新技术产品的兴趣反映了人们对新奇事物的追求以及对学习的渴望。对知名人士的生活（和死讯）感到着迷可以大致被归类为"闲聊"，而闲聊则在我们的进化中起到了重要作用（我们将在第七章看到）。当然，我需要说明，根据维基百科总结的清单很可能主要反映了那些相对年轻的人的兴趣。比如，截至2015年12月，在使用Instagram的美国"网虫"中，有48.5%的人的年龄在18~34岁之间，只有5.5%的人的年龄在65岁或以上。[6]

尽管能够激发好奇心的主题各种各样，但心理学家们提出了很有创意的办法，把这些主题分成了较少的类别。这里，我们特别要回顾一下，心理学家丹尼尔·伯莱因曾经把好奇心映射到了一个二维的网格上。[7]在一个轴线上，好奇心从"特定"（渴望或者需要特定的信息）延伸到"多样"（无止境地寻求刺激，排遣无聊）。在另一个轴线上，好奇心从"感知"（由令人吃惊的、模糊的或者是新奇的刺激物唤起）延伸到"认知"（对新知识的真正渴求）。伯莱因富有洞察力的分类尽管算不上独特，但它使我们可以把任何一种具体的好奇心放进这一网格。举例来说，人们可能会提出，由"混乱的证据"激发的好奇心，或者那些通常会促进基础科学研究的好奇心，都属于网格中的"认知-特定"象限。也就是说，我们寻求某些信息，帮助我们在不同的选项中做出选择，或者引导我们解开令人困惑的谜团。归根到底，科学家们进行研究的目的通常是找到那些特定的、得到了清晰界定的问题的答案。另一方面，还有一种好奇心会驱使人们不断地浏览推特，追踪小报的头版头条，或者是查看新的短信息，这种好奇心很可能会被划入"多样-感知"象限。换句话说，人们搜寻的是一些能够转移注意力的、使人兴奋的或者令人吃惊的东西。正如我们将在第六章看到的，对感知型好奇心（由新奇之物唤起）和认知型好奇心（渴望知识）的区分确实可以通过观察好奇心激活的大脑的不同区域得到证明。

人们普遍认为，在把好奇心的概念纳入心理学研究方面，伯莱因起到了重要的作用。1960年，伯莱因出版了他的著作《冲突、唤醒和好奇》；拿该年之前人们发表在《心理学摘要》上的文章与最近的文章做一个简单的对比，就足以证明他在这个研究领域产生的影响。伯莱因还是一个出色的钢琴家和狂热的艺术爱好者，在晚年，他对美学有着特别的好奇心，尤其关注究竟是什么使某件艺术作品变得有吸引力。[8]虽然他是一个非常内向害羞的人，就像他的朋友们所证实的那样，他在心理组织的社交活动中经常安静地站在角落里，抿着加了奎宁水的杜松子酒，但他对实验心理学和心理学家团体所产生的影响是毫无争议的。[9]

伯莱因对人们进行好奇心的研究还做出了另一个重大的、具有持久价值的贡献。他列举出了一组独特的因素，在他看来，它们决定着某个对象是否有趣，是否值得探究。这些因素包括新奇、复杂、不确定和冲突。新奇指的是那些无法轻易地按照以往的经验和期待加以归类的主题和现象。比如，一个新的物种或者智能手机的初次出现。复杂指的是那些不循常规，包含着大量松散的、集成的组成部分的对象或事件。比如，这个概念可以被用来描述经济学中的事件，在这些事件中，许多个人和公司试图根据他们掌握的信息去理解市场行为，并且在这些信息的基础上共同创造出了他们必须迅速做出回应的结果。不确定（在接下来的一节，我还将对这一点做更详细的阐述）指的是一种情况，其中许多种可以相互替代的结果都是有可能发生的。每个收听天气预报的人都熟悉什么是不确定，即使借助再精妙的计算机模型和新奇的技术，气象学家还是经常会搞错。最后是冲突，在这种环境中，新的信息和已知的知识或偏见不兼容（就像人们发现伊拉克根本没有大规模杀伤性武器），或者人们搞不清楚究竟是应该采取行动还是完全避免行动。1978年，心理学家弗拉基米尔·科内奇尼在为伯莱因所写的悼词中，总结了他的工作。[10] 他充满赞赏地写，伯莱因"想知道为什么生物体会表现出好奇心，并探索其环境，为什么他们会搜寻知识和信息，为什么他们会观看绘画、倾听音乐，是什么在引导着他们的思想轨迹"。

有趣的是，我发现即使这样简单、主观地调查我的同事，我也能找到至少两个激发好奇心的因素：惊讶（它激发起感知型好奇心）和"混乱的证据"（它激发出一种对知识的渴望或者说认知型好奇心）。

那么，主要的心理学流派对于好奇心的起因和心理过程有哪些看法呢？（我们将在第六章讨论神经科学）

信息缺口理论

就像现代心理学的许多其他趋势一样，一些最早出现的关于好奇心的想法都受到了哲学家、心理学家威廉·詹姆斯的影响。在19世纪后期，詹姆斯就颇有预见性地用现代认知理论的术语提出，他所说的"形而上学的惊奇感"或"科学的好奇心"的心理体验，是一种"受过哲学训练的头脑"对知识的不连续或者缺口做出的反应，就像受过音乐训练的头脑会对听到的不和谐音做出反应一样。[11] 他进一步提出，好奇心表达出来的是一种欲望，即想更多地知道那些我们还不了解的事情。一个世纪之后，卡内基-梅隆大学的心理学家乔治·列文斯坦提出了一个当代的理论框架来解释这些概念。这是一个非常有影响力的理论框架，被称为"信息缺口理论"。[12]

这一理论背后用以解释好奇心的基本观点非常简单（前提是它要被提出来）。它以一个合理的假定为基础，即每个人对他周围的世界都有某些先入为主的观念，对于任何给定的主题，我们都在寻求一种一致性。当我们遇到某些事实，它们和我们以前具有的事实性或想象性的知识、我们的预测或偏见不一致时，就会产生一个"缺口"。对我们来说，这个缺口是一种令人厌恶的状态，一种令人不悦的感觉。于是，我们就会被驱使着去进行调查，去寻求新的洞见，以减少不确定和无知的感觉。[13] 按照这种观点，好奇心和随后的探究性行为都不以自身为目标。更确切地说，它们都是手段，我们借它们努力减少因不确定和混乱产生的不安。用列文斯坦自己的话说，好奇心是一种"认知引发的剥夺感，源于我们对知识和理解之间的缺口的感知"。简单地说，根据信息缺口理论，好奇心就像是在挠心理或智识的痒。

自然地，信息缺口理论把不确定性——现有信息条件与期望信息条件之间的可感知的不一致性——视为好奇心的主要原因。[14]事实上，当我们站在生命中那些富有挑战性的交叉路口前时，对各种可能的结果充满不确定的感觉肯定是令人不安的。在列文斯坦的著作和此前伯莱因提出的类似的看法中，不确定性的概念都借自信息理论的传统度量标准。简单地说，信息理论提出，在所有其他条件相同的情况下，具有大量选项和可能的结果的环境会产生更大的不确定性。比如，如果所有女子足球队在实力方面相差无几，那么要在世界杯刚开始的时候预测哪支球队会赢得冠军，就比只剩下两支球队的时候进行预测要困难得多。同样的，如果不同的结果有着近乎一样的可能性，不确定的程度也很高：如果两支球队的技巧和斗志差不多，要预测哪支会赢，这就比某一支球队压倒性地强于另一支球队的情况难预测得多。每个观看2016年克利夫兰骑士队对金州勇士队的NBA总决赛的观众都可以证明，这一观点是正确的。

过去几十年心理学界进行的研究，也包括近年来神经科学领域的研究，都证实了信息缺口理论的某些观点。[15]比如，研究证明，当人们面对不同寻常的、令人吃惊的或者复杂的对象与情境时，这些环境会导致人们的注意力高度集中。某些研究还表明，观察与探究的愿望会持续下去，直到人们意识到，他们已经通过获取新的信息消除了不确定性。列文斯坦进一步指出，人们对信息缺口的大小的估计，取决于他们对自己的知识程度的主观判断以及他们获取信息的能力。这就是认知科学家所说的"知道感"。[16]列文斯坦猜测，具有更强烈的知道感的人会认为某个知识缺口是可以填补的，而其他人可能不会这么认为。人们猜测，这种有能力填补知识缺口的感受会增强好奇心，因为人们会觉得他们不需要付出太大的努力，就可以摆脱不确定性，告别那种令人不安的焦虑状态。举例来说，如果某人认为她知道某部电影的几乎所有演员的名字，她就会格外努力地试图回忆起某个一时想不起来的演员的名字，其努力程度大于她完全不知道演职人员的名字时的努力程度。

列文斯坦的信息缺口理论提供了一个非常有趣的视角，探讨了至少某些形式的好奇心的本质。尤其是，我们不难发现，特定型好奇心——渴望获得特定的信息——就很可能是被一种信息缺口激发的。[17]无论是那些神秘的谋杀故事，比如阿加莎·克里斯蒂、丹·布朗、罗伯特·加尔布雷斯（J. K. 罗琳的笔名）等人的小说，还是阿尔弗雷德·希区柯克的电影，我们都很好奇地想知道凶手是谁，有时候还想知道他的动机和手段。[18]同样的道理，如果你的好朋友走上前来对你说："我有很重要的事情和你说。哦，其实没什么。"这肯定很让人恼火。这个例子清晰地展示出了一个需要填补的信息缺口，由于我们很清楚地了解到，在我们已经知道的和想要知道的事实之间存在着区别，我们的好奇心被激发起来了。信息缺口也是我们容易偷听别人打电话的原因。这个场景所激发的好奇心比听到两人完整的对话所激发的好奇心更强烈，也更容易使人分神。在康奈尔大学的心理学家们进行的一项研究中，研究人员发现，在进行各种需要集中注意力的认知性任务时，听到这种"一半的对话"会导致参与者的表现更差。[19]因为我们听不到另一半对话，我们无法预测交谈会怎么进行下去，所以我们几乎不可能从大脑中屏蔽掉这种一半的对话。康奈尔大学的这项研究由劳伦·恩伯森领导。她每天要坐45分钟公交车去大学，某一天在路上，她决定要对这一现象进行实验研究。"如果某人在我旁边打电话，那么我真的觉得没法做别的事情了。"她解释说。这就部分解释了为什么这么多人会在火车或公交车上戴耳机。

电视连续剧的制片人以及惊险故事的作者们都很了解信息缺口激发好奇心的能力。他们努力把每一季或每一章的结束部分变成一种悬念，让听众或读者处于悬而未决的状态。

你可能注意到了，按照信息缺口理论的设想，满足好奇心的需要看起来和满足吃喝拉撒睡这样的生理需要有类似之处。不过，不少研究人员还是指出，在满足简单的生理需要和满足好奇心之间存在着重大差异。例如，饥饿等生理需要通常伴有清晰的躯体信号作为提示，比如咕咕响的肚子或胃痛。另一方面，对信息缺口的感知则需要一种以知识为基础的机制。[20]为了认识缺口并做出评估，人们需要清晰地知道他们初始的信息状态以及他们的目标，或者说他们希望达到的状态。比如，如果不是一开始就知道点儿关于暗物质的事，你就不会对这种神秘形式的能量的本质感到好奇。这种能量渗透所有的空间，并推动着宇宙扩张的加速。

如果我们把信息缺口理论看作一个关于所有类型和形式的好奇心的全面的理论，这就会引发它的第一个固有（潜在）的问题。在某些情况下，考虑到有的人从未完全了解更广泛的背景，我们很难看出他们是否有能力恰当地评估他们的起点或他们预期的不确定性水平。比如，在科学研究中，一个实验、观察或者理论推导的结果很有可能会导致此前人们从未预见到的新问题。举例来说，达尔文提出了人类以自然选择的方式进化的理论，这就把生命起源的问题——达尔文从未触及这个问题——摆上了桌面。同样，近来的研究表明，还有数以亿计的行星围绕着除了太阳以外的恒星转动，这就使许多天文学家痴迷于回答这样的问题："我们在宇宙中是孤单的吗？"由此可见，难点在于，大脑是如何意识到并恰当地界定信息缺口的呢？我们会怎样估计我们拥有知识的水平，并判断我们有多少不知道的东西？这个问题清楚地表明由生理决定的欲望和好奇心存在着区别，前者是每个人在特定条件下都能感觉到的，而后者则因人而异，即使他们所处的环境完全一样。此外，尽管一旦获得了想要的特定信息，特定型好奇心很可能就得到了满足，但事实上，一般意义上的好奇心（尤其是认知型好奇心）和探究的倾向从未被真正满足过。

心理学家在信息缺口理论中也找出了其他一些问题。首先，它总是把好奇心与负面的、令人厌恶的和不悦的状态联系起来。但是关于探究性行为的许多实验表明，新奇和多样性常常被视为正面的、令人愉快的体验，它们能够带来兴奋感并使注意力更加集中。[21] 举例来说，有一项研究以7年级和11年级的学生为对象。那些被视为"充满好奇心"的学生在报告他们参加学校活动的情况时，将之描述为更令人满意、更有价值的活动，而不是令人不满的活动。[22] 即使是信息缺口理论的关键驱动因素，即不确定性，也并不总是具有负面的效应，否则就不会有人去读关于谋杀案的神秘故事或者去参与各种古怪的活动了。虽然毫无疑问的是，不确定性是令人不安的——比如，某人正在等待一次医疗检查的结果，这能够确定他是否患有某种严重疾病——但如果不确定的来源是积极的，那么它也是有可能产生持续的愉悦的。

由心理学家蒂莫西·威尔逊、丹尼尔·吉尔伯特及其同事在 2005 年做的一个有趣的实验证明了最后一种观点。[23] 参与实验的 6 个人都认为自己是来自不同大学的 6 名学生（3 男 3 女）之一，他们正在参与一个关于通过互联网塑造印象的实验。他们被告知，每个人都要对异性实验对象进行评估，他们要选择一人作为最适合他们的可能的朋友，并写一段话说明他们选择的理由。然后每位参与者都被告知，他们或她们被另外 3 个异性学生选中了（当然，这是瞎编的）。参与者又被分为两组。分到"确定"组的人被具体告知了那 3 个异性学生写了什么非常恭维的话（瞎编的），分到"不确定"组的人则不知道这一信息。你能猜到哪一组保持快乐的时间更长吗？收到自己被选为最佳朋友这一正面反馈，所有的参与者都很开心。不过，那些被分到"不确定"组的人保持快乐的时间要比"确定"组的人长 15 分钟。换句话说，如果人们知道某个确定的结果是正面的，那么他们乐于对其保留好奇心。这部分解释了为什么充满期待的父母并不想马上知道胎儿的性别，为什么爱意的第一次涌现是非常令人愉悦的，以及为什么有人录下了温布尔登网球公开赛总决赛，但他们在看完比赛录像之前并不想知道结果。他们都很享受不确定的状态。只有当人们并不确定结果是积极的还是消极的时——他们会被申请的学校录取吗？某种治疗是否有效？——不确定性才会被视为一种产生负面情绪的因素。

神奇的是，浪漫主义诗人约翰·济慈提出过"消极感受力"的说法，表明承受甚至拥抱不确定性的能力，以及让未知保持神秘的意愿，是取得诗歌和文学上的成就需要具备的基本素质。[24] 对济慈来说，"在一个伟大诗人的身上，美感压倒了所有其他的因素，甚至抹杀了所有的因素"。他的"消极感受力"的概念影响了不少20世纪的哲学家，其中就包括罗伯托·昂格尔和约翰·杜威。前者把它运用于社会领域，[25] 后者则将之融入了实用主义的哲学传统当中。[26] 费曼不是诗人，而是科学家，他总是说揭示某个现象的原理只会增加它的美。他还说过："对于一无所知，没有任何目的地迷失在一个神秘宇宙当中，我可没觉得有什么可怕的。"

信息缺口理论的第二个问题是：考虑到人们偶尔会主动好奇，我们可以引用另一个版本的牛顿第一运动定律——"在休息的人会一直保持休息的状态"——来思考，如果这等同于自己主动要求一种不愉悦的感受的话，那么人们为什么会变得好奇起来。然而，对某个主题感到好奇确实会使人产生探索更多主题的冲动。好奇心的最基本特征就是想要提出问题，这一行为有着产生更大的不确定性的风险。而在信息缺口理论中，更大的不确定性被认为是令人苦恼的。

第三个问题与信息缺口理论假定的普遍性有关。即使这个理论的基本观点是正确的,但它过于简单化了,尤其是它涉及的是不同类型的好奇心。我们的感觉是,好奇心有太多潜在的触发因素,我们无法把它们的差异抹去,将它们仅仅总结成一个变量——不确定性。我们在这个过程中很可能会丢失重要的信息。比如,人们真的能够证明,以下这些好奇心都只是简单的信息缺口的表现吗?这些好奇心包括人们对引力波的精确特征、音乐能够激发强烈的情感的原因、魔术师完成表演的技巧、一起吃晚饭的伙伴的想法、梦的含义、金·卡戴珊最新分享的美图的好奇。

目前的主流观点认为,尽管信息缺口理论设想为某种类型的好奇心提供了一种出色的解释机制,但好奇心最普遍的形式包括了一系列机制。不过,在我们讨论其他理论之前,不考虑正确的、全面的理论(如果存在的话)可能是什么,我还需要对好奇心的一个额外的特征做出一些解释。

好奇心的变化曲线

在柏拉图写作的以苏格拉底为主角的对话录《美诺篇》中,

一个出身名门，名叫美诺的年轻人试图挑战了不起的苏格拉底，他想证明探究未知其实是不可能的。[27]美诺问道："那么，苏格拉底，你要怎么去探究那些你根本不知道它们是什么的东西呢？你会把哪些你不知道的东西当作你探究的对象？"在此，美诺提出了著名的"未知的未知"的问题——我们不知道那些我们自己不知道的东西。

"未知的未知"这个表达是美国前国防部部长唐纳德·拉姆斯菲尔德提出来的。在2002年2月的一次新闻发布会上，他被问到了关于可能的伊拉克战争的问题。[28]当时，关于没有证据表明伊拉克向恐怖组织提供了大规模杀伤性武器这一点，拉姆斯菲尔德告诉记者们："对我来说，那些声称某些事情没有发生的报道总是很有趣，因为正如我们知道的那样，存在已知的已知这么一回事，即我们知道我们所知道的东西。我们还知道，存在已知的未知这么一回事，即我们知道有些东西我们现在还不知道。不过，还存在未知的未知——我们不知道那些我们不知道的东西。"尽管这段话在逻辑上完美无缺，但它还是为拉姆斯菲尔德赢得了2003年度的笨嘴笨舌奖。[29]获奖理由是，这是公众人物所做的最不知所云的评论。

回到美诺那个难题，苏格拉底选择以一个更加令人困惑的说法作为答复，这个答复日后以"美诺悖论"闻名于世。"我知道你的意思，美诺。不过，让我们看看你提出了一个什么样的有争议的问题——人们不可能去探究那些他们已知的或未知的东西。他们不会去探究他们已知的东西，因为他们既然已经知道，就没有必要去探究了；他们也不会去探究他们不知道的东西，因为他们不知道他们将要探究的是什么。"

用苏格拉底的说法回答好奇心的问题，我们可以说："既然她已经知道了，她就不会对已知的东西感到好奇；她也不会对未知的东西感到好奇，因为她不知道她应该对什么感到好奇。"这是不是意味着，我们不可能变得好奇？绝对不是。这就是为什么美诺悖论并非一个真的悖论。

据我所知，现代的心理学家们并没有（至少不是经常）提到柏拉图的《美诺篇》。不过，他们当中的有些人确实进行过类似的论证。他们提出，如果我们研究人们对某个特定主题的好奇程度，会如何受到人们拥有的关于这一主题的知识的影响，我们就会发现一种看起来像倒 U 形的函数（见图 4-1）。[30]简单地说，你很难对某件你知之甚少的事情产生好奇。同样的道理，如果对于某个特定的主题，你已经了解了很多，那么你多半不会觉得有什么东西还值得好奇。不过，如果我们已经获得了一个主题的某些信息，但又觉得还有更多的东西有待学习，那么我们的好奇心就会被真正调动起来。在他那颇具挑战性的回答中，苏格拉底直接省略了非常重要的中等程度的知识掌握状态。你可以称那种状态为"知道存在我们所不知道的东西"，也就是说，你知道或者意识到，有一些你还不知道的东西。

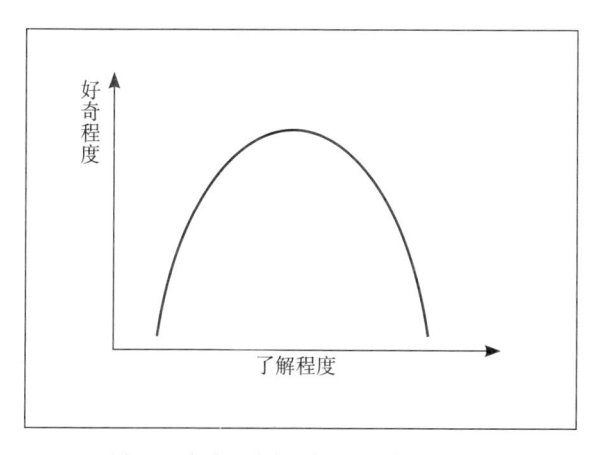

图 4-1　好奇程度与了解程度的倒 U 形函数

倒 U 形曲线的一个版本可以追溯到 19 世纪后期，那时的心理学的奠基人之一是威廉·冯特。[31] 冯特提出，随着刺激强度的增加，积极的激励效果也在增加，不过它只能增加到一定程度。对于更强烈的刺激，人们会感觉到压迫性，这会导致积极反应的减少，最终导致刺激的效果变成了消极激励（见图 4-2）。

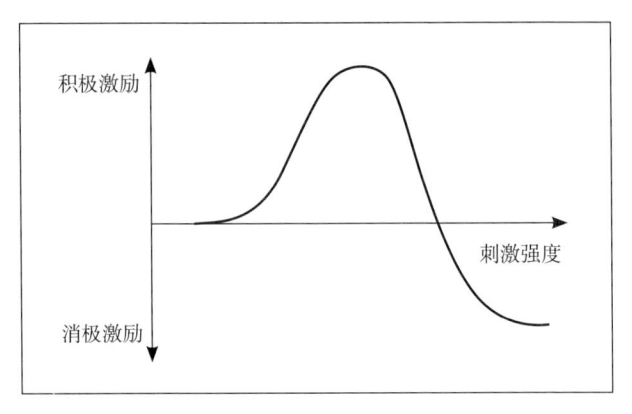

图 4-2　冯特曲线

20世纪70年代，伯莱因提出，冯特曲线实际上描述了两种不同的大脑功能的相互作用：一种通过奖励机制鼓励好奇心和探索行为，而另一种则通过产生令人不悦的感受来抑制好奇心。[32] 伯莱因的观点可以用图 4-3 来呈现。根据这个模型，积极的奖励机制的作用方式是，在一定程度上，我们观察到的现象越令人惊讶或令人困惑，我们就变得越发充满好奇。[33] 不过，在某个时刻，我们的好奇心会饱和，无论某个现象多么复杂、新奇或者令人困惑，我们都不会变得更好奇了——我们的好奇心变得平稳起来（对应上面的曲线的平坦部分）。

在伯莱因的解释中，当刺激的强度达到了一定程度，使它变得充满威胁或者引起了人们的恐惧感时，大脑会开启令人产生厌恶感的否定机制。对于任何更强的刺激，我们的消极感受

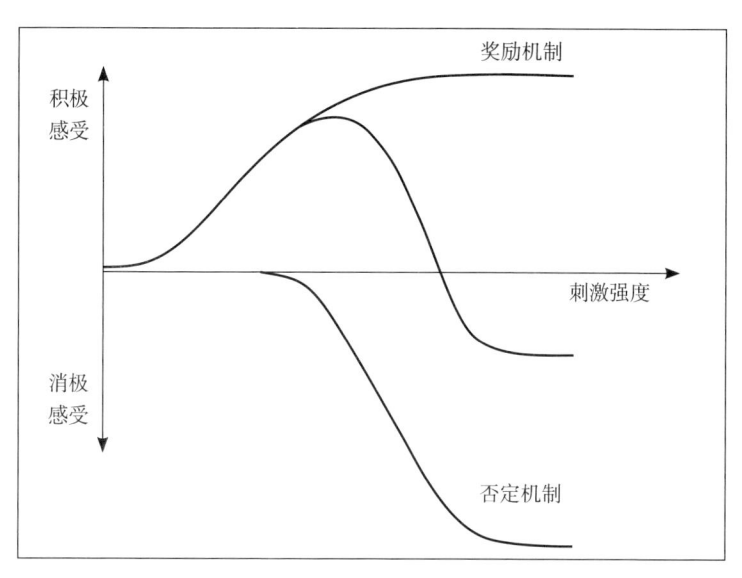

图 4-3　伯莱因对倒 U 形曲线的解释模型

会不断地增加。伯莱因认为，冯特曲线是对大脑中的两种分别产生积极和消极结果的机制加以简单综合的结果。也就是说，只要令人苦恼的反应还没有被激活，那么刺激越强则好奇心越强。一旦大脑开始评估潜在的消极影响，好奇心就开始减弱，从而形成了一个倒 U 形曲线。用一个简单的例子，我们就可以明白伯莱因的观点。想象一下，你在游览黄石国家公园，突然发现远处有一只灰熊。这无疑会引起你的好奇和兴奋。然后，你又发现了一只母灰熊和她的幼崽。这一新的发现使你有了更强烈的好奇心。不久之后，在同一区域内出现了一大群灰熊，这激发了更高程度的好奇心，尤其是因为熊通常是一种单独行动的动物。不过，看到越来越多的灰熊不仅会激发我们的好奇心，也会使我们产生恐惧感。在一个地方出现这么多灰熊，不免让人心生警觉。随着附近出现越来越多的灰熊，人们的担忧和恐惧也在进一步加剧。

你可能已经发现，伯莱因对认知反应的描述和达·芬奇那种既想进入陌生山洞探索，又感到恐惧的混合的情感几乎完全一致。

伯莱因对倒 U 形曲线的解释为好奇心的理论引入了一个新的元素：一种积极的奖励机制。非常有趣的是，虽然伯莱因的观点产生在信息缺口理论之前（事实上，它在很大程度上影响了后者），但是后者主要把好奇心与减少消极情绪的需要联系在一起，认为好奇心对于产生积极的感受只起到了相对小的（基本上是微不足道的）作用。尽管列文斯坦承认，探究行为也可能是被一种积极的兴趣（而不是被剥夺的感觉）所激发的，但他的信息缺口理论还是暗示，积极地渴望获得知识本身并不能构成好奇心。不过，我们将在下一章看到，其他研究人员还是认为好奇心本身就是一种动机，而不仅仅是一种减弱不愉快的感受的工具。

尽管它可以引发人们的思考，但伯莱因对冯特曲线的解释还是颇具争议。首先，这种解释要求人们同时拥有两种极端相反的情感，即愉快和恐惧。人们对于这一情况是否可能的观点各不相同，不过绝大多数心理学家认为，伯莱因提出的"积极影响应该先于消极影响"的观点不太可信。如果像他描述的那样，伯莱因就不得不假定愉快是通往不愉快的状态的一个几乎必不可少的步骤（如图4-3所示，在更高的刺激水平上，厌恶感只会在积极的奖励机制发生作用之后出现）。至少就曾经被约瑟夫·勒杜仔细研究过的恐惧感而言，没有证据表明大脑的奖励机制在人们感到恐惧之前就被激活了。[34] 而且，在定量的层面上，伯莱因没有为积极和消极情绪的相对强度或它们被激活的时间等假设提供任何有说服力的解释。尽管如此，伯莱因考虑到了这样一种可能性：好奇心同时包含着令人愉悦和令人不安的部分。这一事实对我们认识好奇心来说意义重大。

正如我此前提到的，把信息缺口理论看作一种关于好奇心的全面的理论，这会引发一系列问题。除了把好奇心等同于一种令人不安的状态这一潜在的严重问题之外，我们一眼就能发现，信息缺口理论不能很好地解释倒U形曲线。[35] 如果好奇心总是随着不确定性的增加而增强，那么随着不确定性水平越来越高，好奇心并不会减弱，那个最终变得令人难以忍受（甚至是焦虑）的不确定性的临界值就不存在了。换句话说，根本就不存在倒 U 形曲线。不过，这一特定的问题很容易被修正，只要我们对初始概念进行相对简单的调整：并不是所有主观上不一致的认知——不是所有的不确定性、疑虑或信息缺口的大小——都会激发好奇心。如果在我们已知的和我们所观察到的事实之间，只有很小的差异，其中的不一致看起来就不足以扰动我们（至少在很多情况中是这样），更别说使我们产生好奇心了。另一方面，如果信息缺口非常之大，高度的疑虑或冲突可能会导致困惑或焦虑，而不是产生好奇心，那么这个缺口有可能是注定无法被填补的。根据这种解释，只有中等程度的不确定性会激发好奇心，并使之得以保持。换句话说，对于那些我们熟知或一无所知的东西，我们不会有特别的兴趣。只有对那些我们知道一点儿，同时又感觉可以从中学到更多东西的（已知的未知）主题，我们才会有兴趣。通过这样一个简单的补充，信息缺口理论就可以解释这种倒 U 形的函数了。

正如我会在第六章详加描述的那样，中等程度的信息掌握状态会增强我们的好奇心，而掌握太多的额外信息则会减弱它（与信息缺口模型和倒 U 形曲线一致），这一观点得到了一个有趣的神经科学实验的支持。

尽管它成功解释了好奇心的某些方面，但信息缺口理论还是有一些没有解决的问题（即使用倒 U 形函数做了补充说明），这就使得研究人员转向了不同的想法。在尝试寻找对好奇心的其他解释的过程中，认知科学家们开始考虑这样的想法：好奇心本身是有奖励的，与其说它是被令人不悦的被剥夺感和知识缺失感所激发的，不如说它是由寻求令人愉悦的惊奇和兴趣所驱动的。

第五章
对好奇心感到好奇：好奇心的运作机制

如果好奇心不是一种减少由不确定性引发的不愉快的方式，或者至少不仅仅如此，那么它究竟是什么呢？最近的心理学研究表明，好奇心可能是有奖励的。[1]也就是说，好奇心本身可能是一种强大的动力来源，它作为一种内在动机，不受任何外部或内部压力的控制，除了好奇心得到满足以外，没有什么明显的奖励。按照这种观点，大脑应该能够产生奖励，为搜集信息和获取知识赋予价值。

这种观点起源于20世纪初，J.克拉克·默里和约翰·杜威等心理学的开拓者所做的工作。这个想法基于一个很简单的观察：寻求新奇的刺激、有趣的人物或新颖的、意料之外的想法似乎是人类的本质特征。你能想象我们不去探索外部宇宙和内在自我，不去探索微观世界和宏观世界吗？达·芬奇和费曼肯定做不到。事实上，就在列文斯坦发表那个非常有影响力的信息缺口理论的同一年，心理学家查尔斯·斯皮尔伯格和劳拉·斯塔尔提出了一种最佳刺激（也称双过程）理论。[2] 在他们的理论中（和列文斯坦的理论一样，这一理论也吸收了许多伯莱因的早期观点），最佳刺激是通过两个相互竞争的过程实现的。新奇、复杂或不一致的现象既会激发使人感到愉悦的好奇心，也会引起使人感到厌恶的焦虑。斯皮尔伯格和斯塔尔认为，当外部触发的刺激的强度较低时，好奇心和探索欲望占据主导地位。在中等强度的刺激下，高度的（令人愉悦的）好奇心和中等程度的（使人不悦的）焦虑混合在一起，往往会促使人们进行特定的探究，即对特定的信息进行搜寻。最后，如果刺激非常强烈，我们看到的东西完全是出人意料的或极其使人困惑的，那么焦虑会增加到很高的程度，它会促使我们完全屏蔽这一刺激，而不是去探索它。

斯皮尔伯格和斯塔尔（在伯莱因之后）理论再次引入了这一观点，即好奇心可以被概念化为一种由兴趣和惊奇带来的积极的感受。任何曾经亲眼看见一个孩子眼睛放光地看着某个魔术师表演的人，都会认同这一看法。在某种意义上，斯皮尔伯格和斯塔尔的观点与列文斯坦截然相反，在他们看来，由不确定性引起的不愉快的状态更接近"焦虑"而不是"好奇"。你应该还记得,列文斯坦认为,好奇心的作用仅仅是减弱与信息缺口有关的不适的感受。他的理论认为,仅仅由兴趣激发的搜寻信息的行为不应该被称为"好奇心"。

简单地说,对列文斯坦来说,好奇心就像是挠痒,目的是缓解痒的感觉,而热爱学习则是另一回事。对斯皮尔伯格和斯塔尔来说,好奇心是对知识的渴望,模棱两可会导致焦虑而不是好奇。然而,重要的是,这两种假设都可以通过实验进行检验。

正如你可能会预料到的那样,斯皮尔伯格和斯塔尔的最佳刺激理论也存在一些没有被妥善解答的问题。问题就在于它提出了一种"最佳的"刺激状态,这意味着那是一种人们希望置身于其中的状态。然而,如果确实存在这种状态,那么我们不能理解人们为什么会想要探究、解答自己的谜团,因为这会使带来积极体验的刺激强度降低到一种不太理想的水平。

为了避免这些问题,同时把各种(有时候相互冲突的)观点整合到一个综合的模型中,人类与机器认知研究所的心理学家乔丹·利特曼在2005年提出,好奇心有两类。[3]利特曼称其中一类为"I型好奇心",代表着兴趣(interest,所以称之为I型)和对与愉悦的情感体验有关的知识的追求;另一种则是"D型好奇心",源于不确定性和一种无法获得可靠信息的被剥夺感（deprivation，所以称之为 D 型）。

我想强调的是，利特曼的模型并非简单地调和不同的观点。他正确地指出，在不同的环境中，许多动机系统都既涉及愉悦的情感，也涉及不悦的感受。比如，如果你感到饥饿，这有可能是因为你看了电视上放的多力多滋薯片的广告，或者《巴贝特之宴》和《朱莉与朱莉娅》这样的电影，这些电影都展示了精美的菜肴；或者你也有可能发现，是你空空如也的肠胃引起了令你难受的饥饿感；又或者是你觉得自己被忽视了，所以你想要好好款待一下自己。同样，人们渴望发生性关系既可能是因为他们对自己所爱的伴侣抱有一种油然而生的愉悦情感，也可能是因为长期缺乏性行为导致他们产生了被剥夺感，比如人们被派往国外服兵役这种情况。

换句话说，按照利特曼的假设，好奇心既有可能减弱令人厌恶的感觉，又有可能产生内在的使人愉悦的感觉。至于哪一种作用占主导地位，则取决于刺激的类型和个体的差异。举例来说，人类心脏的跳动激发了达·芬奇的认知型好奇心（驱使他进行探究），使他在难以计数的纸上写下了笔记，但这很难吸引众多与他同时代的人。类似地，想不起来高中同桌的名字会使某些人发狂，而另一些人则对此完全无所谓。或者，在动物园看到一种不熟悉的动物，可能激发某些游客的感知型好奇心（他们会去看这种动物的介绍牌），并激发少部分游客的认知型好奇心（他们回家以后会就这一动物进行广泛阅读）。

与其说好奇心是一种独特的心理过程，不如说它是由一系列心理机制构成的。由哥伦比亚大学的杰奎琳·戈特利布、罗切斯特大学的塞莱斯特·基德和法国计算机科学与自动化研究所的皮埃尔·伊夫·欧德耶等人领导的科研团队，对此进行了进一步的检验。[4]他们认为，我们赋予好奇心的不同组成部分和形式的权重取决于刺激事件或主题，以及个体自身的知识基础、偏见和认知特征。正如我们将在第六章看到的，神经科学最新的研究证明，不同类型的好奇心涉及不同的大脑区域。

就像我已经指出的那样，个体在好奇心方面的差异是巨大的。比如，虽然达·芬奇和费曼对几乎所有的事情都感到好奇，但是有些人对自己工作以外的事情几乎没什么兴趣。以往，对这种差异的研究主要被归类于对"开放性"这一特征的研究，"开放性"是人格五因素模型中的维度之一。[5]在心理学中，这5个人格特征指的是开放性、公正性、外向性、宜人性以及神经质（它们的首字母合在一起构成了OCEAN）。[6]在这5个特征中，人们认为开放性包括了求知的好奇心，以及对新奇事物和探索的偏好，尽管人们对开放性的确切定义还有一些争议。宽泛地说，具有更高开放性的人不仅更加好奇，也更欣赏复杂的艺术形式。他们有更强的抽象思维能力。

即使我们同意这个非常合理的观点，即（所有不同形式的）好奇心既涉及由不确定性引发的被剥夺感，又涉及由对知识的内在渴望激发的对奖励的期待，但还有很多事情是我们不知道的。大脑究竟是怎样为知识和获得知识赋值的呢？寻求和探索信息的心理策略是什么（如果有的话）？比如，我们知道，在没有信号时，电视屏幕上的白噪声包含了大量的信息。而据我所知，没有人会被那些闪烁的光点和嘶嘶的噪声所吸引。人类的大脑筛选了轰炸我们的所有信息，并决定了我们要对什么感到好奇，这究竟是一个什么样的过程？

认知科学家们试图弄清楚的是，好奇心引发的行为是否有任何战略性计划或最终的目标。

探究活动的模式

我们的日常经验和大量研究表明，即使没有任何经济上或其他外部的奖励，人们仍然会进行探究——这就是我们通常所说的好奇心的一部分[7]。传统观点认为，人们倾向于专注某一种模式的活动：他们会避免那些太容易、看起来太无聊的挑战，也会避免那些令人生畏、使人感到沮丧的太困难的挑战。那么，如果人们可以在很多方式和选项中自由地选择，他们会怎样引导自己的好奇心，并组织自己的探究活动呢？如我们所知，许多活动会通向认知死胡同，或导致我们难以理解的情况。举例来说，一个小孩子不应该挑选詹姆斯·乔伊斯的《尤利西斯》作为他人生中阅读的第一本书，一个对大脑功能感到好奇的小姑娘也不应该从操作大脑外科手术开始学习。

神经科学家杰奎琳·戈特利布和她的同事进行了一些非常有趣的实验，以研究我们的大脑是否采取了某些通用策略，来引导好奇心进行某些由内在激励驱动的开放性探究。[8] 研究人员要求 52 名实验对象（29 名女性，23 名男性）选择他们想玩的电脑游戏。有两组游戏可供选择，每一组游戏的难度不等。

实验结果非常令人吃惊。戈特利布和她的同事发现，虽然没有外部的指导和明确的奖励，但实验对象都自发地以同一种模式进行他们的探究活动。首先，参与者们对任务的难度非常敏感：他们老练地选择了从最容易的游戏起步，再转向更困难的游戏。其次，研究对象热衷于探究所有可能的选择：他们会随机地尝试本组游戏，包括那些非常困难的、他们不太可能掌握的游戏。再次，实验对象倾向于重复玩那些中等难度到高等难度的游戏。最后，参与者喜欢新奇的事物，通过选择新的游戏，他们给自己带来了新的体验；不过他们也倾向于选择那些他们已经熟悉的难度级别的游戏。

这个实验为我们了解认知型好奇心（渴望获得知识）的本质提供了非常有趣的发现。首先，参与者甚至尝试了最难的任务，并尝试了新的通关方法。这就意味着，人们确实在努力使自己了解所有可取的选项的全貌。他们试图扩充自己的知识，在心理上将其编码，并增强他们对新的机遇做出可靠预测的能力。这种特性被称为"以知识为基础的内在激励"，其重要功能就是帮助人们减少预测误差。[9]一名高中生在决定去哪所大学之前，浏览众多高校的信息，他就是受到了以知识为基础的内在激励的驱动。与此同时，另两个发现，即参与者会重复玩那些具有挑战性的游戏，且只会在那些他们玩得很好的游戏中尝试新的通关方法，这些都意味着他们有一种内在的动力，想通过练习使自己玩游戏的能力变得更强。这被称为"以能力为基础的内在激励"。

戈特利布的实验结果为我们了解认知型好奇心在开放性环境中的运作方式提供了一些重要的洞见。其中最令人吃惊的发现大概是，即使没有任何暗示、线索或指示，人们也倾向于遵循相似的模式。就其战略性计划而言，认知型好奇心似乎要达到两个目标：激励我们去理解潜在的选择有哪些限制，以及更重要的是，最大限度地提高我们的知识和能力。

由于戈特利布是为数不多的以好奇心为主要研究目标的研究人员之一，我很自然地就想知道究竟是什么吸引她从事这个研究。"一开始，我是想搞明白注意力的机制，"她告诉我，"然后我从两个不同的角度被推向了好奇心这一主题。第一，从行为的角度说，我感兴趣的是注意力在指导我们行为方面起到了什么作用。"

"能说得更明白一点儿吗？"我问。

"很多研究将眼球的运动作为注意力的指示物，研究人员会要求实验对象注意诸如绿色屏幕上的红色方块这样的东西。然后，他们就可以研究这种定向注意力会如何影响反应时间之类的因素。不过，他们通常没有办法研究实际的决策过程，即究竟什么会使某物引起我们的注意。"短暂停顿之后，她继续说道："所以我决定，我们必须研究引导我们选择注意对象的逻辑。举例来说，我们的选择通常和可预期的奖励有关。这被称为目标导向行为。不过，还有很多我们感兴趣的事情并不能带来任何显而易见的奖励。这里出现的就是好奇心。"她继续补充着："我想知道好奇心涉及哪些过程，什么在引导我们学习，即使我们还不知道这种学习将会带来什么样的结果。"

"第二个引导你从事对好奇心的研究的角度是什么呢？"

戈特利布笑了起来："你还没忘记有第二个角度。那是神经科学的角度。我想知道大脑皮质（大脑的神经组织的外层，是人类意识的中枢）的哪个区域选择了我们要关注的刺激。有很多大脑反应的模型，它们通常解释的是实验对象心中有目标或奖励的情况。我更感兴趣的是那些'没有目标'的选择。因此，我从行为研究和神经科学两个不同的角度对好奇心产生了兴趣。"

我对戈特利布自己的科学研究道路也很感兴趣，所以我问道："你认为，在你的成长环境中，是什么东西使你决定成为一名科学家？"

"归根到底，我觉得这份职业能够最好地体现我的能力。在读高中的时候，我想成为钢琴家，不过后来我发现，我的钢琴才能大概是中等水平，要想在这方面干出点儿名堂，对我来说非常困难。后来，在麻省理工学院学习的时候，我发现我天生擅长完成分析性的工作。我喜欢科学研究中的创造力和自由。工作稍微有点儿沉闷我就会受不了，而科学是一门总要面对全新挑战的学科。"沉默了一会儿，她补充道："当我学到新东西的时候，我是最开心的。"

这正是一个拥有认知型好奇心的人的特征。

戈特利布的实验是以成年人为被试对象的。有一个笑话说，心理学实验中的所有被试者通常都是大一和大二的学生，所以，所有的研究结果和发现仅仅适用于这一群体。不过，近年来，那些小的"好奇机器"——儿童、幼儿，甚至婴儿——也引起了越来越多的关注，人们想了解婴儿和儿童表现出来的好奇心是否与成年人的好奇心类似。感知型、认知型、多样型和特定型好奇心会在人的一生中保持稳定，还是会随着年龄的增长而变化？虽然目前还没有足够的纵向研究可以直接比较儿童和成人，但是过去 20 年的研究为儿童的好奇心描绘了一个更连贯的画面。我认为下面的一些例子是这个令人着迷的领域中非常吸引人的实验。

儿童的好奇心

如果你曾经看过一个 10 个月大的婴儿玩拨浪鼓，你就会知道，她会来回摇动玩具，把它放进自己的嘴里，摔到地上，并试图拿下某些彩色的零件。这大概会持续几分钟，直到她瞥见旁边的一本厚厚的书。她的注意力会转移到书上。她会把书放到嘴里，并笨拙地试图一页页翻动厚厚的纸张。是什么激发了孩子的好奇心呢？

劳拉·舒尔茨是麻省理工学院幼儿认知实验室的一名认知

科学家。在过去大约10年的时间里,她和她的同事试图"搞明白,孩子们是怎样如此迅速地从这么少的活动中学到这么多东西的"。[10]实际上,在仅仅几个月的时间里,孩子们就学到了相当多的运动技能,认识了他们的父母,并开始以各种方式进行互动和交流。婴儿的注意力机制一定从他们周围相当复杂的环境中选择了某些部分,使他们的学习过程变得有效、可靠。舒尔茨和其他认知科学家正试图弄清楚孩子们是怎样"从贫乏、嘈杂的数据中得出丰富的推论的"。

哈佛大学的心理学家伊丽莎白·斯佩尔克的开创性实验提供了大量证据,它们证明,婴儿在其生命之初有一些简单的探索方法,或者说是自己解决问题的办法,这些方法可以指导他们最初的探索行为。[11]斯佩尔克之所以选择婴儿进行研究,是因为"成年人的脑子里已经充斥着事实,最好搞明白我们在出生时知道什么"。为了深入了解婴儿的思想,她意识到婴儿盯着某物看的时间长短是一个非常好的指标,能够指示出什么激发了他们的好奇心。比如,某物开始运动,对比鲜明的区域以及人的脸都会吸引他们的目光。所有这些都具有丰富的信息价值。注意到身边移动的物体显然是一项进化而来的必备生存本领,对比则有助于人们区分不同的对象、认清它们的形状。此外,婴儿还知道,如果他们抓住一个玩具的腿,玩具的其他部分也会被拉过来，也就是说，一个对象的所有部分会一起移动。他们知道，固体无法穿过其他固体；他们还具有一种天生的数字感和关于周遭空间的几何感。[12,13] 对人脸具有特别的兴趣则属于发展社会技能、建立亲密的人际关系以及最终形成语言能力的重要组成部分。斯佩尔克和她的同事凯瑟琳·金茨勒、克里斯汀·舒兹等人还发现，对于那些使用婴儿已经熟悉的语言和口音的人，婴儿会表现出非常明显的社会偏好。[14] 研究发现，美国和南非的婴儿都是如此，即使后者生活在一个更加多样化的语言环境中。

条件反射测试是让婴儿对重复出现的事件进行预测并做出反应。测试表明，他们也会寻求那些有助于形成可预见性策略的信息。不过，我们能否把这些注意力偏好的初始表现称为"好奇心"呢？这取决于这个术语的精确定义。按照我在讨论开始采用的宽泛的界定（"一种渴望信息的状态"），这些婴儿先天的探索行为肯定可以被归类为好奇心的表现。同理，玩躲猫猫等游戏时，他们的反应也可以被如此归类。然而，人们还是可以合理地辩论，这个定义涵盖了我们自出生以来发生的所有事情，而不仅仅是真正的好奇的状态。就此而言，如果我们坚持认为，只有在某对象对起始和期待的信息状态有清楚的认识的前提下，好奇心才能出现，那么这些早期阶段的、低水平的注意力集中行为就不能被视为好奇心的表现。它们大概是好奇心的前身。尽管这很可能是事实，但如果我们感兴趣的不仅仅是人类最基本的先天的探究行为，那么在孩子们对世界的心理感知不断进化的过程中，他们如何选择能够引导他们的好奇心的对象呢？[15]

在罗切斯特大学进行的针对7~8个月大的孩子的实验中，塞莱斯特·基德和她的合作者们让孩子们观看投射在屏幕上的复杂程度各异的对象，并测量了他们的视觉注意力。[16]研究人员发现，当对象的复杂程度非常高或非常低的时候，婴儿的视线从屏幕上移开的可能性是最大的，这表示他们对这些对象不感兴趣。换句话说，研究人员发现了一种"金发女孩效应"：婴儿的好奇心指向的是那些既不太简单也不太复杂的对象（其偏好呈倒U形）。我们应该能回想起来，戈特利布在让学生玩电脑游戏的实验中，发现了同样的效应。

基德的研究结果表明，新生儿的大脑使用了一种策略，使其无须在太过复杂和太过简单的现象上浪费宝贵的认知资源。这种解读意味着，即使是新生儿，其好奇心也取决于起初的知识状态和他的预期，以及好奇心能够最大限度地增强一个人的学习和理解潜力。

麻省理工学院进行的另一组实验则揭示了儿童好奇心的另

一个有趣的方面。它表明，像成年人一样，孩子们也会组织他们的游戏并进行探索，其目的是减少不确定性，发现现象背后的真实原因。一个非常简单的玩偶盒实验证明了这一点。[17]这个实验是由认知科学家劳拉·舒尔茨和伊丽莎白·博纳维茨设计的。研究人员向学龄前儿童展示了一个带有两根操纵杆的红盒子。当一名研究人员和一个孩子同时按下两根操纵杆时，盒子上部的正中央就会冒出来两个玩偶。孩子们没办法知道哪根操纵杆会抬起哪个玩偶，甚至无法判断是不是有一根操纵杆能抬起两个玩偶。所以，证据是混乱的。研究人员又对第二组孩子做了同样的实验，只不过这次，他们特意使条件更加清晰——孩子和研究人员会分别依次按下操纵杆，或者研究人员会向孩子们展示每根操纵杆分别是怎么起作用的。所以，在这种情况下，孩子们可以准确地了解到哪根操纵杆可以抬起哪个玩偶。在分别向两个小组做了展示之后，研究人员拿来一个新的黄色盒子，让孩子们自己玩。实验结果非常有趣。在"混乱的证据"组的孩子倾向于继续研究红色的盒子，直到他们搞明白其操作原理。在"清晰的证据"组的孩子则表现出对新奇事物的偏好，他们的注意力马上转移到了这个新的黄色盒子上。

上述实验以及其他实验的结果表明，孩子的好奇心往往与最大限度地学习和发现那些主导他们周围环境的因果关系有关。[18,19]换句话说，孩子们在寻找一个可以按部就班地解释每件事情的方法。如果这个推断是正确的，那么它会带来一个非常清晰且有趣的预测：孩子们的好奇心尤其会被那些违背了他们的预期的情境所激发，而且他们会专注于探索那些情境。通过观察当现有的证据与先前的信念相矛盾时，孩子们的探究和学习行为会受到怎样的影响，我们可以检验这一预测。

　　博纳维茨、舒尔茨和她们的同事试图通过一系列深入的研究做到这一点。在一个精心设计的实验中，研究人员让孩子们仔细观察9个不对称的泡沫塑料块，并尝试把它们稳稳地放在一根平衡杆上。[20]在初始阶段的一个"信念分类"任务中，研究人员很仔细地观察孩子们是根据几何中心的位置——泡沫塑料块的中心位置——使之保持平衡，还是根据质量中心的位置——靠近泡沫塑料块更重的一端的位置——使之保持平衡。在孩子们稳稳地放好它之前，研究人员拿走了泡沫塑料块；这样一来，孩子们就没有机会实际观察泡沫塑料块是否真的平衡了。采用这种方法，研究人员将孩子们分成了三组。第一组孩子（平均年龄6岁10个月）具有一种已知的偏向，认为几何中心是平衡点；第二组孩子（平均年龄7岁5个月）则持有一种信念，认为质量中心是平衡点；第三组孩子更小（平均年龄5岁2个月），他们之前没有接触任何关于平衡点的"理论"，所以他们倾向于通过反复试验来平衡泡沫塑料块。

在实验的第二个阶段，研究人员向所有的孩子展示了看上去在杆上保持了完美平衡的泡沫塑料块。然而，事情在这个时候变得有趣起来。相信"几何中心"和"质量中心"的孩子们在看到同样的、平衡的结构之后，会根据他们之前的信念，以不同的方式探索泡沫塑料块。当孩子们看到泡沫塑料块是在其质量中心上保持平衡的（符合质量中心理论，但不符合几何中心理论）时，那些信念受到挑战的孩子会花更多的时间研究这块泡沫塑料，而其他孩子则更倾向于观察一个新的玩具。同理，当这个泡沫塑料块在其几何中心上保持平衡时，这两组有着理论预期的孩子们的行为刚好相反。那些没有理论预期的孩子则总是无视他们所看到的证据，喜欢新的、没有试过的东西。

在相关的实验中，研究人员向孩子们展示，这些保持平衡的泡沫塑料块其实是被一块磁铁固定住的。不同组别的孩子们的反应很有趣。几何中心组和质量中心组的孩子们都试图用新的元素——磁铁——去解释他们看到的情况，但只有在他们之前的信念与新的观察结果不一致时，他们才会这样做。也就是说，当几何中心组的孩子们看到泡沫塑料块在其质量中心上保持平衡时，他们就会得出结论说，这是因为它被磁铁固定住了。当那些质量中心组的孩子们看到泡沫塑料块在其几何中心上保持平衡时，他们也会得出结论说，这是因为它被磁铁固定住了。此外，在这些实验中，孩子们并没有看到磁铁，他们需要将与其信念不一致的平衡的泡沫塑料块这一证据作为一个激励因素，重新思考并修正自己的预测。如果能够得到一个辅助性的解释（在这个例子中，存在磁铁就是一个辅助性解释），他们就不会觉得必须要改变自己的信念。

总的来说，我们从这些针对孩子们的研究中可以得出的结论是，好奇心与新奇感、陌生感，或纯粹的快乐的刺激有关（换句话说，这就是多样型和感知型好奇心），而这些触发因素有时候会为其他因素让路，包括渴望学到更多的东西、了解因果关系、发现世界的结构、减少预测的错误等（即认知型好奇心）。

研究表明，不到9个月大的孩子虽然很擅长用手抓东西、用嘴咬东西，能够区分熟悉和陌生的东西，并且拥有非常敏锐的视觉和听觉，但他们很少对别人的愿望和意图表现出兴趣。不过，在很短的一段时间内，婴儿与外部世界形成了一种新的心理关系。这成了他们的主要兴趣所在。

针对年龄在17至92岁的1 356名男士和1 080名女士所做的实验表明，寻求新奇事物的冲动（更普遍地说，或许是多样型和感知型好奇心的某些方面）会随着年龄的增长而减退，而特定型和认知型好奇心则在人们成年甚至老年以后,仍然保持着稳定。[21] 换句话说,寻求信息和想要学习是人类稳定持续的特征,而甘冒风险寻求新奇、刺激、惊险的愿望和感受惊讶的能力,则随着我们慢慢变老而减弱。

认知科学家和心理学家试图揭示,人类大脑在我们感到好奇时的复杂的运作机制。不过,如果缺乏对人类大脑内在的生理过程的补充性了解,那么我们对好奇心的认识就不可能是完整的。

第六章
对好奇心感到好奇：大脑中的好奇心

20世纪90年代初，神经科学家们获得了一种新的非常强大的研究工具，它能够捕捉到好奇心在大脑中活动的图像。fMRI技术可以使研究人员检查大脑的哪个区域在特定的心理过程中被激活了。[1]这一技术依赖于这样的事实：当大脑的某个区域被集中使用时，神经活动所需要的能量会导致流入该区域的血液增加。由此，通过给血流的变化拍快照，我们可以详细地描绘出处于工作状态的大脑。[2]这要用到血氧水平依赖（BOLD）对比，因为含氧血液和去氧血液有着不同的磁性，这种相对差异可以通过图像显示。和补充性的认知研究相结合，fMRI技术为我们研究好奇心提供了新的视角。在推进我们理解好奇心的神经生理学基础方面，一些神经科学的实验非常有创新性和影响力。

信息获取实验

2009年，加州理工学院的研究人员闵正康、科林·卡默勒和他们的同事用fMRI技术完成了一项重大研究，其目的是识别好奇心的神经通路。[3]科学家们进行了一次测试，用fMRI技术扫描了19个人的大脑，这些人当时正在解答40个小问题。这些不同主题的问题是经过精心挑选的，为的是激发一种或强或弱的特定-认知型好奇心，即对特定的知识的兴趣。其中一个问题问道："什么乐器听起来像人在唱歌？"另一个问题则是："地球所属的星系叫什么名字？"参与者被要求依次阅读问题，并猜测答案（如果他们不知道的话），然后评估他们自己对每个问题的正确答案的好奇程度，并说明他们对自己的猜测抱有多大的信心。在第二个阶段，每个参与者都能再次看到问题，问题后面就是正确答案。（如果你感到好奇，我可以告诉你，第一个问题的答案是小提琴，第二个是银河系。）研究人员发现，受试者自我评估的好奇程度是不确定性的倒U形函数。

fMRI影像显示，当受试者声称对某个问题有很强烈的好奇心时，被激活的大脑区域包括左侧尾核和侧前额叶。当人们期待着某种奖励性的刺激时,这些区域就会被激活。[4] 这种期待就像是你坐在帷幕前,等待着一场你期待了很久的戏剧开幕。在人们参与慈善捐助活动以及对不公正的行为进行处罚时,左侧尾核也会被激活,因为这两种行为都被大脑感知为有益的活动。因此,闵正康和她的同事的发现符合这样的观点:认知型好奇心——渴望知识——激起了对奖励的期待。这表明获得知识和信息在我们的头脑中是有价值的。有些令人吃惊的是,在闵正康和她的同事的实验中,被认为在奖励和愉悦回路中发挥关键作用的伏隔核(它是奖励预期中被激活的最主要的区域之一)并没有被激活。研究人员还发现,在向实验对象展示正确答案时,他们的大脑中被显著激活的区域是那些与学习、记忆、语言理解和生成有关的区域,比如额下回。值得注意的是,如果参与者曾经猜错了某个问题的答案,那么他们的大脑被激活的程度要比他们猜对答案的时候强烈得多。如果参与者一开始猜错了,此后他们对正确答案的记忆也会更加深刻。一项后续的行为研究显示,参与者的好奇心越强烈,他们在 10 天后还能够准确地回忆起出乎意料的答案的概率越大。这一结果可能是我们意料之中的,因为当一个错误被纠正时,这个信息会被视为更有价值的信息,人们就更有可能学会它(前提是它与你真正感到好奇的主题有关)。另外,正确答案的呈现并不能显著激活大脑的其他区域,即那些通常被认为会对接受奖励做出反应的区域,这一事实令人感到困惑(见图 6-1)。

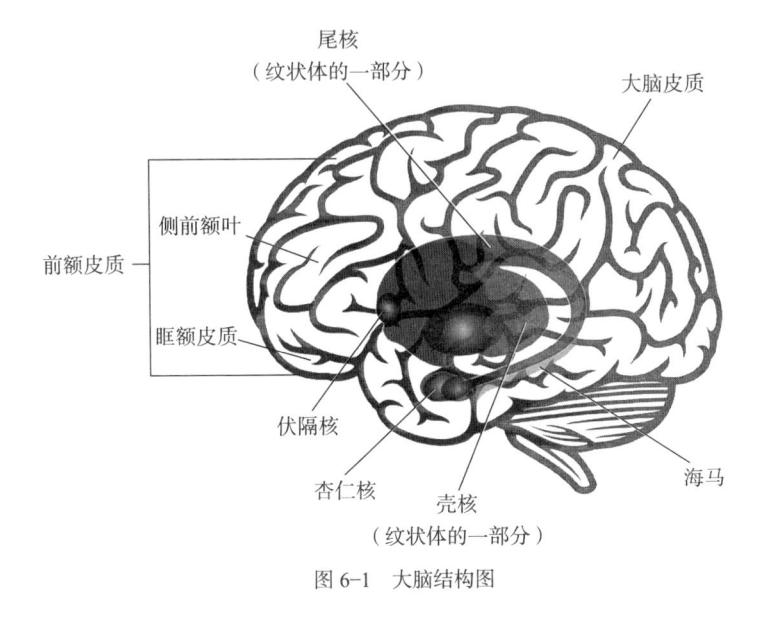

图 6-1 大脑结构图

我们有必要了解的是,所有神经成像的研究几乎都不可避免地受到一种不确定性的困扰。尽管至少在某种形式的认知型好奇心被激发的时候,fMRI 技术确实能够绘制出被激活的大脑区域的图像(正如我已经说过的,人们发现那些区域和对奖励的期待有关),但在各类其他大脑功能发挥作用时,这些区域也被激活了(比如左侧尾核和前额叶)。因此,如果没有来自认知心理学方面的证据,要推断好奇心和奖励预期之间存在联系就相当勉强了。

为了进一步巩固他们的发现，闵正康和她的同事们进行了一次补充测试，其目的是在真正的奖励预期和注意力提高这样的简单功能之间做出区分（在之前的实验中，人们发现后者也能激活左侧尾核）。新的实验有两种设定。在一种设定中，研究人员允许受试者自行决定，是否用分给他的25枚代币换取50个问题中的某些问题的正确答案（在前一项实验的40个问题的基础上，研究人员又增加了10个问题）。由于代币数量是问题数量的一半，受试者在某个特定的问题上花费一枚代币，就意味着他放弃了另一个问题的答案。在实验的另一种设定中，受试者可以自行决定是否等待5~25秒，等答案显示出来；他们也可以放弃等待，跳到下一个问题，但这样他们就错过了前一个问题的正确答案。这两种行为（花费代币或者等待答案）都需要付出一种成本，要么是资源，要么是时间。实验结果显示，人们花费代币或时间的意愿与对某个问题的好奇程度密切相关。因为人们通常更愿意在能够获得奖励的项目或活动上投入时间或金钱，所以这个结果极大地加强了好奇心是一种对奖励的期待这一解释。

总的来说，尽管还有一些不确定因素，但闵正康和她的同事们所从事的开创性工作表明，特定-认知型好奇心和对信息的期待有关，这种信息被视为一种奖励。此外，实验还表明，当某人的好奇心被激发起来，而他的看法被证明有误时，这个人的记忆力会增强；这表明好奇心会增强学习的潜力。[5]正如我会在后面详细讨论的，这一发现为我们改进教学方法和更有效地交流信息提供了非常重要的线索。

不过，尽管闵正康和她的同事们的工作具有开创性的意义，但他们也有许多没有回答的问题。这项研究只探讨了特定-认知型好奇心，人们认为这种类型的好奇心会被以知识为基础的催化剂（比如琐碎的问题）唤起。那么，大脑对新奇的、令人吃惊的事物的刺激与想要避免无聊的愿望做出的反应是一样的吗？大脑的反应是否取决于刺激的类型？比如，当我们通过观察图像而不是阅读文本而变得好奇时，我们大脑中的变化过程是一样的吗？2012年发布的一份研究报告试图对其中一些有趣的问题进行解答。

图像观察实验

在人们充满好奇时扫描他们的大脑，这肯定是一次令人兴奋的实验。不过，你怎么才能让某人变得充满好奇呢？即使要求参加者给自己的好奇程度打分（比如，按照从1到5的分值进行打分），这也肯定会导致一定程度的主观模糊。荷兰莱顿大学的认知科学家玛丽克·杰普玛和她的团队使用了与闵正康及其同事不同的方法，来激发实验对象的好奇心。[6] 具体来说，杰普玛决定把注意力集中在感知型好奇心上面，这种好奇心是被新奇的、令人吃惊的或模棱两可的对象或现象唤起的。她的想法是用模糊的刺激物触发参与者的好奇心，这些刺激物可以是很多种不同的东西。研究人员向 19 名受试者展示了各种普通物品的模糊图像，比如一辆公交车或一架手风琴等，同时用 fMRI 技术扫描他们的大脑。由于模糊，图像变得很难识别。为了有意识地操纵感知型好奇心的触发和释放，杰普玛和她的同事巧妙地交替使用了清晰图像和模糊图像的 4 种不同的排列组合：一张模糊图像后面跟着一张对应的清晰图像；一张模糊图像后面跟着一张完全无关的清晰图像；一张清晰图像后面跟着一张对应的模糊图像；一张清晰图像后面跟着一张完全一样的清晰图像。这样一来，受试者就不可能知道接下来会看到什么，也不知道他们对图像内容是什么所抱有的好奇心能否得到满足。

由于杰普玛的研究是首批试图证明感知型好奇心的神经相关性的实验之一，因此其结果引起了广泛的注意，而且它确实没有令人失望。第一，杰普玛和她的同事们发现，感知型好奇心激活了已知的对令人不悦的条件非常敏感的大脑区域（虽然这些区域并不只对令人不悦的条件敏感）。[7]这一点和信息缺口理论的推论是一致的——感知型好奇心似乎会产生一种消极的需要感和被剥夺感，这类似于口渴。

第二，研究人员观察到，满足感知型好奇心会激活所谓的奖励回路。[8]这些发现再次印证了这样的观点：通过提供所需要的信息摆脱感知型好奇心带来的痛苦状态，或者至少减弱痛苦的强度，这被大脑视为一种奖励。简单地说，感知型好奇心可能产生类似于被剥夺、发生冲突或者饥饿的感受，而满足一个人的好奇心就好比给他好吃的、好喝的或好的伴侣。

杰普玛和她的同事还有第三个有趣的发现：激发和满足感知型好奇心会增强无意记忆（并非刻意形成的记忆），并会激活海马（这是一个和学习有关的大脑结构）。这一发现进一步支持了如下猜想：激发好奇心是一种有效的策略，不仅可以推动人们去探索，而且可以强化他们的学习效果。

杰普玛的实验结果和闵正康及其同事的实验结果之间的差异——而不是类似之处——尤其发人深省。杰普玛的发现与好奇心本质上是一种令人不悦的状态这一观点大体一致（尽管它并不构成对后者的证明），而闵正康的发现则与好奇心是一种令人愉悦的状态这一观点一致（它也不是一种证明）。我们怎样才能调和这两种看起来相互矛盾的结论呢？首先，正如我已经说明的，杰普玛的研究有意地进行了设计，用以探究感知型好奇心——由模棱两可的、古怪的或令人困惑的刺激唤起的好奇心。或者说得更准确点儿，参加实验的受试者想知道某幅模糊的图像究竟是什么，这种被模糊图像激发的好奇心就可以被称为特定-感知型好奇心。另外，通过研究被琐碎的问题激发的好奇心，闵正康和她的同事们主要探究了特定-认知型好奇心的本质——这是一种对特定的知识的渴望。所以，从表面上看，这两个研究似乎意味着好奇心的不同方面或者机制会涉及（至少部分）大脑的不同区域，并可能会表现为不同的心理状态。

如果这一点为真，那么它就支持了乔丹·利特曼的双重或二元设想。回忆一下，利特曼提出了I型好奇心和D型好奇心，前者是一种与兴趣有关的愉悦的情感，而后者是由于无法获得确定的信息而产生的令人厌恶的被剥夺感。将神经科学的研究结果与利特曼的观点相结合，我们就得出了这样的观点：感知型好奇心也许应该被归类为D型好奇心，而认知型好奇心则基本上属于I型好奇心。这一观点和戈特利布、基德和欧德耶等认知科学家提出的假设是一致的，即"与其说好奇心是一种独特的心理过程，不如说它是由一系列心理机制构成的，它涉及了与新奇和惊奇有关的简单的启发法，也涉及了在更长的时间尺度上衡量学习进度的方法"。[9]这并不一定意味着，不同的好奇心涉及的是完全不同的大脑区域。更有可能的是，不同类型的好奇心涉及某些共同的大脑核心区域（比如控制期待感的区域），但也激活了不同的回路和化学物质，即便大脑的所有运作机制都有着某种程度的功能性联系。

不过，杰普玛和她的同事们细心地注意到，在他们的研究和闵正康及其同事们的研究中还有一些不确定因素，导致他们无法得出确定的结论。比如，在闵正康的实验中，问题后面往往呈现了正确的答案，我们无法确定大脑的特定部分被激活是因为人们对某些反馈抱有期待，还是因为他们对特定的正确答案充满好奇，又或者是兼而有之。这就是为什么杰普玛的团队有时候故意不消除由模糊图像引起的不确定性，有时候又呈现出虽然清晰却与之前的模糊图像完全无关的图像。这种精心设计的区别使研究人员可以区分两种不同的激活状态，一种是对图像中的物体究竟是什么感到好奇，另一种是对某种形式的反馈抱有期待，那是一种由模糊变为清晰的反馈。

然而，与此同时，杰普玛团队也承认，在他们自己的实验中，清晰的图像随机出现，这为解释实验结果带来了一种额外的歧义。具体来说，我们无法判断受试者体验到的不确定性

（由此形成好奇心）在多大程度上关乎图像的实际内容是什么，又在多大程度上关乎接下来是否会出现一张清晰的图像（或者两者兼而有之）。

闵正康和杰普玛的实验分别具有的这些内在限制表明，认知心理学和神经科学的研究非常困难。大脑是无比复杂的硬件，而思维又是无比精妙、难以捉摸的软件，即便最精心设计的实验，也总会有一些无法预见的问题。

尽管如此，我还是对杰普玛的实验印象深刻，因为我非常想知道，是什么促使她进行了这样的研究，以及接下来她还会做什么（如果有后续行动）。我通过网络电话问她："为什么你决定研究好奇心呢？"

"我当时正在研究'拓展与探索'这一两难选择问题，"她解释说，"你拓展的是你已经知道的，而探索的则是你所知甚少的。我对拓展和探索如何指导我们做出决定很感兴趣。"

这尽管听起来很有道理，但还没有完全回答我的问题。于是，我追问下去："然后呢？"

"是这样，我意识到，探索的一个主要动机就是好奇心，所以我就投身其中了。让我吃惊的是，我发现在神经科学领域中关于好奇心的研究非常少，尽管这是一个非常重要的问题。"

"你是否做了一些其他的研究，但是还没有发表？"

她笑起来："你是怎么猜到的？我确实做过一个初步的研究，测试人们是否愿意承受生理的痛楚，以满足其好奇心。"

"他们愿意吗？"

"并不是所有的人都愿意承受痛楚，"她说，"不过有一些人愿意承受。这产生了重大的影响。"

我满脑子想的都是："哇！"

研究者从这两个神经成像的研究中还得出了另一个有趣的结果。研究发现，不仅好奇、记忆和学习之间存在某些联系，而且好奇和奖励的大脑回路也存在着某种重叠。你应该还记得，认知研究表明，大脑会产生奖励，为信息的搜集赋予价值。除此之外，fMRI 实验还带来了一组新的、更深刻的问题：好奇心究竟是怎样影响记忆的？工作记忆能力会影响好奇心吗？对奖励机制来说，信息的搜集是否与其他有价值的物品（比如一块巧克力、一杯水或者一粒药）有着同等的价值？驱使人们主动探究的好奇心与神经科学实验中被人为激发和满足的好奇心是一样的吗？

好奇心与学习机制

在某种意义上，我们其实并不需要神经成像的研究来告诉我们，人们在对某个主题感到好奇时的学习效率比在感到无聊时的学习效率更高。如果被迫去听一个冗长的报告，或者吃晚饭时坐在两个沉闷的家伙中间，我们就会感觉厌倦、疲劳。人们发现，学习自己感兴趣的主题要容易得多。不过，好奇心是否会影响我们的记忆呢？如果是，它通过什么机制影响我们的记忆？这些正是加州大学戴维斯分校的神经科学家马蒂亚斯·格鲁伯、伯纳德·格尔曼和查兰·兰加纳特想要回答的问题。[10]

这些研究人员最初采用的研究方法与闵正康和她的团队的方法有些类似，也是让学生们逐次地回答一系列琐碎的问题。然后，参与者要评估他们对自己给出的答案所抱有的信心，并标注出他们对每个问题的正确答案的好奇程度。不过，在这里，格鲁伯的研究引入了新的因素。格鲁伯和他的同事通过最初的研究流程，可以为每位学生生成一个自定义问题列表，这个列表会排除掉所有该学生已经知道答案的问题。每一个列表都由各种问题组成，对于这些问题，学生们表达出了不同程度的好奇，从"极度渴望知道答案"到"一点儿都不在意"。

接着，当受试者的个性化问题列表分别出现在屏幕上的时候，研究人员用 fMRI 技术扫描了每位学生的大脑。在每一个问题之后，有一个 14 秒的静态预期间隔；在此期间，屏幕上会随机出现一张人脸，持续 2 秒；接下来问题的答案会出现，然后重复这一过程。在大脑扫描阶段结束后,受试者要接受一项对等待期间屏幕上出现的人脸的无意记忆测试,并接受一项对问题的答案的记忆测试。

关于在期待有趣信息时被激活的大脑区域,格鲁伯和他的合作者们的研究结果大体与闵正康及其同事的研究结果一致。不过,格鲁伯的研究为好奇心与记忆及奖励之间的关系提供了有趣的新证据。第一,通过比较受试者在极度好奇地想知道答案的情况下与不想知道答案的情况下的大脑活动,研究人员发现,这种激活路径遵循的正是大脑中多巴胺信号的传递路径。多巴胺是一种神经递质(由大脑中的神经元释放,向其他神经元传递信号的一种化学物质),它在大脑的奖励机制中发挥着重要的作用。因此,格鲁伯及其同事的研究结果证实了认知型好奇心与奖励回路有关。换句话说,渴望学习本身就会形成一种奖励。第二,正如我们可以预料到的,这项研究表明,当人们的好奇心被激发时,他们学习起来会更轻松。在 24 小时之后,他们还能更好地记住信息。不过,更令人吃惊的是,这项研究还表明,受试者在等待他们感到好奇的问题的答案时,能够更准确地识别屏幕上随机出现的人脸。这就意味着,在强烈的好奇心的推动下,针对附带信息的学习效果也有所改善。格鲁伯推断:"好奇心可能会使大脑处于这样的状态,即它能够学习并反馈任何信息，就像一个旋涡，把你想要学习的东西和它周边的一切都吸了进去。"[11]

格鲁伯和他的团队的第三个发现也很有趣。他们意识到，学习的过程不仅会使海马的活跃程度提高，而且海马与奖励回路之间互相作用的强度也在加大，而海马在新记忆的形成过程中发挥着重要的作用。这看起来就像是好奇心主动地利用奖励机制来协助海马吸收和保留信息。

约翰斯·霍普金斯大学的心理学家布莱恩·安德森和史蒂文·扬蒂斯进行的实验则为这一设想提供了另一个维度。[12]他们的研究表明，好奇心与奖励机制的作用方向相反。也就是说，最初与奖励相关的刺激能够激发好奇心，并在半年多后还能够引起关注，即使原始信息被呈现为一种无关的干扰因素。这就表明，最初伴随着奖励的刺激会形成持续的注意力偏差，并激发好奇心，甚至不需要对其进行持续的强化。换句话说，好奇心与奖励机制之间的互动是双向的，它们能够彼此促进。

第四，格鲁伯的研究结果似乎还表明，好奇心反映的是一种内在的动机，它很可能还是会受到其他机制和大脑回路的影响，这些机制和回路类似于让人们想要冰激凌、尼古丁或者想赢得扑克比赛的机制和回路。然而，这是否意味着，大脑将好奇心和它所寻求的信息等价于水和食物这类初级奖励？或者，在大脑的某处,信息及其获取有独立的价值?

为了搞明白这个问题,不久前,神经科学家汤米·布兰查德、本杰明·海登和伊桑·布朗伯格-马丁利用"提前获得未来事件的相关信息有助于大脑做决策"这一事实,检验了关于实际评估潜在回报的大脑区域的竞争性假设。[13] 他们把注意力集中于猴脑前额的某个区域,这个区域被认为与决策的认知过程有关。具体地说,他们记录了眶额皮质 13 区的神经元的活动情况。在传递奖励信息方面,眶额皮质起到了关键作用。

研究人员还试图弄清楚如下一点,毫无疑问,大脑赋予信息和初级奖励(诸如食物和毒品等)的价值最终会合并为一个单一的量,并反过来指导某种特定的行为。但我们还不清楚的是,在这两种价值合并成一种混合体之前,究竟发生了什么。因此,研究人员的目标就是区分眶额皮质在这类决策中的作用的两种可能。第一种可能是,在眶额皮质中,信息和初级奖励数据等组成成分还是完全分开的,它们在稍后的某个下游区域才会合并起来。第二种可能是,信息和初级奖励因素正是在眶额皮质中混合在一起,并产生了最终指导决策的单一价值。

在他们的研究中,布兰查德和他的同事记录了猴脑的眶额皮质的神经元的活动情况。在实验设计的赌博游戏中,这些猴子可以就两种不同的条件进行选择：（1）在赢得赌博之后获得水（一种初级奖励）；（2）在赌博结果显示之前先获得一条线索。

实验的两个结果特别重要。第一，猴子通常会为了获得更多的信息而放弃得到水。这就让人想到了杰普玛的实验结果，人们甚至愿意承担痛楚以满足自己的好奇心。第二，人们发现眶额皮质会分别编码信息的价值和初级奖励的价值，而不是把它们组合成一个单一的变量。哲学家托马斯·霍布斯把好奇心称为"心灵的欲望"，这显然是有道理的。事实上，布兰查德、海登和布朗伯格-马丁猜测："就像眶额皮质会对口渴和饥饿这样的身体状况做出反应，指导人们搜寻水和食物一样，它也会对不确定和好奇这样的内在状态做出反应，指导人们搜寻信息。"简单地说，眶额皮质似乎是通向奖励系统其他部分的入口，它产生的输入随后会被用于综合评估过程，但它并不是最终的评估者。特别的是，好奇心似乎是与眶额皮质评估的其他因素分开量化的。

这些实验表明，尽管好奇心这一谜团还没有被解开，但神经科学家已经逐渐揭示了好奇心、奖励和学习等机制之间的内在联系，并指明了大脑的不同区域在这些机制错综复杂的联系中发挥的作用。

第六章 对好奇心感到好奇：大脑中的好奇心

主动探究

在闵正康、杰普玛、格鲁伯、布兰查德和他们的合作者进行的研究中,他们使用的方法使研究人员无法解答这样的问题:通过被动地接收减少不确定性的信息(比如问题的答案或揭秘模糊画面的影像等)来满足好奇心,是否不同于通过主动探究来满足好奇心?为了填补这一空白,使我们更好地了解好奇心的工作原理,伊利诺伊大学的认知神经科学家乔尔·沃斯和他的合作者研究了当一个人在其自由意志的驱动下主动进行探究时,他的大脑中发生了什么。[14]

沃斯和他的团队正确地观察到,虽然大多数学习理论强调了个体主动决定学习内容、学习方式和学习时间的重要性,但以往大多数关于好奇心和学习的实验都是让参与者被动地对研究人员呈现给他们的信息做出反应。为了避免这一缺陷,沃斯和他的同事设计了一项学习任务,他们可以借此研究视觉探索的主动控制(通过选择)对学习效率的影响。具体来说,参与者被要求观察一组普通的物品,他们通过一个移动的窗口,每次观察一个对象。这听起来有点儿普通,不过这当中包含着一个新的设定。每个参与者都会在两种不同的情况下进行观察:一种情况是实验对象可以主动控制窗口的位置,另一种情况是他们只能被动地观察物品。沃斯和他的团队用了一种非常精妙的技术，能够记录每个参与者主动控制的观察顺序与观察节奏，然后在该参与者被动观察时，按相应模式将物品展示出来。总的来说，参与者在主动控制和被动观察的情况下，看到的是完全一样的物品展示顺序与展示间隔时间。不过，在第一种情况下，参与者可以选择他们观察的物品的顺序。这一方法使研究人员可以识别出完全由主动控制造成的差异。

研究结果表明，相比于被动地观察物品，受试者主动控制观察顺序可以大幅增强后期的记忆，即使他们观察的内容是完全一样的。也许更重要的是，海马的激活在将短期记忆巩固为长期的记忆的信息整合中，发挥着关键的作用；而在主动控制的、积极的探究活动中，海马的激活状态更为强烈。因此，研究人员提出，主动控制对记忆造成的影响是由海马和大脑其他皮质区域之间互动作用的增强引起的。我们可以回忆一下，杰普玛和她的合作者们也发现，感知型好奇心的满足与海马被强化的激活状态以及增强的无意记忆有关。而沃斯的研究通过揭示主动控制会强化学习，进一步证明了这一点。沃斯和他的合作者从理论上进行了总结，指出记忆能力的提高是海马与负责制订计划和集中注意力等功能的神经系统之间的交互显著增强的结果。而这种加强的交互产生了一种更有效的更新过程，使大脑能够充满好奇并吸收现有信息最为突出的特征。从某种意义上说，这就像是大脑启动了应急管理机制，它需要协调应对危机的不同部门之间的沟通。

在我简要总结我们从认知和神经科学实验中了解到的关于好奇心本质的知识之前，我想提及两个附加说明。第一，在基于任务展开的 fMRI 实验中，研究人员在规定的时间检查大脑活动的空间范围（即区域）。这就等于假定了大脑的活动形式是驻波（或者叫定波，就像一根两端固定的、振动的小提琴弦形成的波），在驻波的每一点上，信号的强度在任意时间保持不变。不过，比利时的鲁汶大学的神经科学家戴维·亚历山大和他的同事在 2015 年 6 月发表了一项研究，提出大脑中各种活动的形式更像是行波。[15] 这意味着，把时间和空间视为不同的维度，可能会丢失大量的相关信息。亚历山大和他的合作者得出结论："我们认为，神经实体不是发生在特定区域和时间的事件，而是由跨越区域和时间的轨迹组成的对象。"换句话说，这一团队提出，就像给大海的一个小角落拍一张照片无法呈现出整个海面的波动情况一样，如果仅仅观察某个固定时间段内发生在大脑的某个特定区域的现象，那么我们就会忽略这一事实：大脑的活动是以一种非常复杂的形式扩散到整个大脑的。如果亚历山大和他的团队是正确的，那么当更精妙的图像和数据分析技术成熟时，人们就不得不对神经成像研究的一些结论做出修改了。

第二个说明和我们通常对心理学的研究成果持有的信心有关。2015年8月，在一项名为"再现性项目：心理学"的合作研究中[16]，来自5个大洲的270名研究人员声称，就2008年发表在知名科学杂志上的100项关于认知和社会心理学的研究而言，他们只能复制其中的40%。这一项目是科学方法应用的一部分，提倡对假说的可靠性进行持续的测试、复查和质疑。只有采用这样严格的审查程序，科学才能做到自我纠错。尽管在某种程度上，再现性项目有点儿"搬起石头砸自己的脚"——最近的一项研究质疑了再现性项目的研究结果——但是在评估实验结果时，我们需要始终保持谨慎，并重视其中的不确定性，尤其是那些旨在为实验人员喜欢的理论提供经验证据的实验。[17]还要注意的是，由于技术和经费方面的困难，神经科学领域的研究通常涉及相对较少的实验对象。例如，闵正康和杰普玛的实验分别只扫描了19名学生的大脑。因此，这些研究成果的统计学意义非常有限。

考虑到这些重要的说明，我们可以从最近的这些心理学和神经科学研究中得到哪些关于好奇心的知识呢？下面就是一个简要的回顾。

第六章　对好奇心感到好奇：大脑中的好奇心

聚焦好奇心

好奇心最近才开始受到应有的关注。尽管我们还不了解它背后的机制的众多细节，但至少人们已经开始对其有了一个大致的理解。到目前为止，我们学到了什么呢？

首先，随着孩子们做出越来越复杂的行为，他们开始探究新的环境，并获得新的知识。大多数孩子的成长轨迹大同小异，这就表明，他们有着共同的潜在机制。孩子们的好奇心能够增加他们的知识，并帮助他们学会一种恰当的决策流程，这种流程可以使他们最大限度地学习并迅速发现因果联系。孩子们似乎很早就明白，每一个结果都与一连串事件中的某个原因有关。他们的好奇心似乎还会为相互竞争的任务分配价值，其依据是每一个任务促进新发现的潜力。

成人的探索性行为似乎也遵循着相当一致的模式，即使是在开放的环境中，即使有着个体的差异。人工智能方面的研究人员弗雷德里克·卡普兰和皮埃尔-伊夫·欧德耶认为，好奇心和探究性行为的目的就是尽可能地减少预测中的错误。[18] 换句话说，按照这种观点，人类（儿童和成人）会避开毫无悬念和极难预测的探究路径，目的是把注意力集中在那些能够满足好奇心的路径上，而好奇心能够最大限度地降低他们在做预测时犯错误的概率。戈特利布、基德和欧德耶进一步阐明并扩展了他们所认为的好奇心的主要"目标"——最大限度地学习（而不仅仅是降低不确定性）。

好奇心究竟是什么呢？在我看来，认知和神经成像方面的研究为这样一种理论构想提供了支持：我们所说的好奇心实际上包括了一系列彼此交错的状态或机制，它们是由大脑中不同的回路激发的。被新奇的、令人吃惊的或令人困惑的刺激激发的好奇心——感知型好奇心——似乎主要和不愉快的、使人厌恶的状态有关。在这种情况下，好奇心就是减弱消极的被剥夺感的一种手段。信息缺口理论很好地解释了这种类型的好奇心，它的强度是不确定性程度的函数，这个函数呈倒 U 形。

另外，认知型好奇心体现为我们对知识的热爱以及对获取知识的渴望，这是一种愉悦的状态。在这种情况下，好奇心本身就是一种内在的动机。人们发现，感知型好奇心激活的大脑区域对冲突非常敏感，而认知型好奇心激活的大脑区域则与奖励预期有关。

任何类型的好奇心的满足都和神经奖励回路密切相关，它能增强人们的记忆和学习，尤其是在新信息与我们之前的经验不一致，或者探究行为是积极的、主动的情况下。此外，过去的奖励也可以激发强度较高的好奇心，即使并没有额外的提醒或者激励。

最近一项有趣的研究表明，利用 fMRI 技术，我们甚至可以在一定程度上预测个体差异。牛津大学的神经科学家伊多·塔沃尔、萨阿德·贾巴迪和他们的合作者发现，通过分析某人在完全静止、不做任何事时的大脑的 fMRI 成像，研究人员可以预测出在他主动进行各种活动时，他的大脑的哪个区域会被激活。[19] 这些活动包括阅读（涉及对语言的理解）和赌博（与做决策有关）。

正如我以前提到过的，这些新的认识并不意味着我们已经了解了好奇心。[20] 与好奇心有关的各种观点彼此竞争，一切都可以而且很可能正在改变。以下是一些神经科学家和心理学家想要得到更全面的解答的问题：在成年阶段，好奇心在保持认知能力方面起到了什么作用？在好奇心和其他诸如饥渴和性欲等基本需要之间，究竟有哪些相似和不同之处？主要是哪些神经元和机制在控制好奇心？大脑怎样整合不同的成分，来构建一种清晰的决策过程？究竟是什么造成了个体在好奇心和探索驱动力方面的差异？

这些问题都很难回答，要想清楚地解答所有问题，我们还需要进行大量研究。以最后一个问题为例，戈特利布、基德、欧德耶和他们的合作者正在进行一项广泛的研究，目的是检验一个有趣的假设：个体好奇心的差异与他们的工作记忆能力及执行控制能力的差异有关。研究人员猜测，由于工作记忆直接影响着信息的编码和留存，所以它会影响我们对学习和新奇事物的重视程度。为了检验这一假设是否可靠，研究人员将通过一群孩子探究好奇心与工作记忆能力之间的相关性。首先，他们让孩子们执行一些探究性的任务，以此确定了不同孩子的好奇程度；然后他们再借助标准记忆测试，确定孩子们的工作记忆能力。这些实验（超过100个孩子参与了实验）使研究人员可以从统计学意义上检验好奇心是否真的与工作记忆能力相关。颇为有趣的是，早在20世纪60年代，心理学家萨尔诺夫·梅德尼克就提出，创造力（好奇心是它的一个必要因素）只不过是联想记忆力的一种表现形式。联想记忆力是一种记忆不相关事物之间的关系的能力，这种能力非常有效。[21]

好奇心还有另一个方面值得我们注意。人类与所有其他动物的区别在于，我们有认知能力，可以构想并整合抽象的信息；我们可以提出猜想性甚至虚构性的假设，并进行分析；我们倾向于把观察到的几乎所有事物都转化为有意义的问题，比如"为什么"和"怎么样"的问题。归根到底，正是这种好奇心和探索因果关系的渴望导致了宗教的诞生，带来了逻辑学（包括数学和哲学）这样的学科，引发了人们对自然界运作方式的探索（今天我们称之为科学），并且促进了随后的技术和工程的发展，因为绝大多数研究最终都是为了应用。与此同时，极其复杂的人类语言的出现和演变，以及人类的内在精神力量——不仅描述存在于现实世界里的东西，也描述仅仅存在于想象世界里的东西——孕育出了文学、视觉艺术和音乐。

　　人类和其他动物表现出来的好奇心之间的显著差别是什么时候产生的？为什么会出现这种显著的差别？在接下来的一章中，我将探讨我们问"为什么"的能力如何成了复杂的好奇心的先决条件，以及这种能力是如何为人类所独有的。

第七章
好奇心与人类的进化

现代心理学和神经科学的研究表明,好奇心(至少是认知型好奇心)是一种心理决策过程,其目的是最大限度地学习。为了实现这一目标,对于相互竞争的选择,人们会根据它们解答问题的潜力,给它们分配价值。所以,就其本质而言,好奇心是一种推动人们发现未知的机制。

fMRI技术使得研究人员能够在大脑中定位好奇心。他们的研究表明,在好奇心被唤起和满足的认知过程中,大脑被激活的主要区域是大脑皮质和纹状体。前者是神经组织的外层,主要负责记忆、思考和意识活动(以及运动和感觉功能),后者则是前脑的皮质之下对奖励机制起关键作用的部分。所以,如果要问为什么人类是唯一能够不停地问"为什么"的物种,在某种程度上，这就等于问是什么使人类的大脑皮质和纹状体在所有物种中独一无二。与此同时，我们还想知道（以进化的视角）人类的大脑结构是怎么变成现在这样的。不过，在开始回答这些问题之前，回顾一些和人类大脑有关的知识还是很有好处的。[1]

神经元是创造大脑活动的核心组成部分及计算构建模块。这些电兴奋细胞通过各种化学和电子信号处理并传输信息。每个神经元都和周围数以千计的神经元互相连接，就像一个巨大的计算机网络。这种连接发生在两种分支中：轴突和树突。轴突从细胞核向外传输信号，树突则接收信号。轴突与树突之间有一个很小的结构，即突触。当神经元被激活时，轴突会把一种叫神经递质的化学物质输入突触。这就使电子信号能够穿过轴突和树突的间隙，激活另一个神经元。这就像快速蔓延的森林大火，通过一组反应，众多神经元近乎同时被激活。

人类的大脑有两个半球，覆盖着褶皱很深的灰色组织，即大脑皮质。每一个隆起的部位是一个脑回，而每一个内折的部位是一个脑沟。对我们来说，重要的是，大脑皮质中的部分神经元负责与我们智力概念有关的一切。

富含神经元的大脑

非常奇怪的是,直到 2007 年前后,尽管以大脑二维切片(体视学)为基础的采样方法已经得到了广泛的运用,但我们还是无法准确地知道人类或其他动物大脑中的神经元总数量(平均)。虽然关于人类大脑的神经元总数量,人们经常引用 1 000 亿这个数字,但这个数字并不特别可靠。同样,我们也无法确定大脑所有的子结构中的神经元数量。巴西的研究人员苏珊娜·埃尔库拉诺-乌泽尔及其团队完成的出色工作改变了这一情况。[2] 埃尔库拉诺-乌泽尔计算神经元数量的方法非常巧妙,就是简单地把大脑溶解成"汤"——一种游离细胞核的悬浮液。"汤"可以被充分搅拌混合,变成一种均质溶液。因此,计算一个液体样本中的神经元数量,再除以该样本所占的体积比,就能够非常精确地计算出一个完整的大脑所包含的神经元的数量。我们可以用这种方法计算大脑的任何其他组成部分的神经元数量。

2013 年,我第一次遇到埃尔库拉诺-乌泽尔。后来我在写作本章时,又和她进行了比较详细的讨论。她和她的同事们以可靠的数据终结了多年来的模糊和猜测。也许你迫不及待地想知道,人类的大脑到底有多少个神经元。埃尔库拉诺-乌泽尔的回答清晰明了：50~70岁的巴西成年男性大脑中的神经元的平均数量大概是860亿个。相比之下，一只老鼠只有大概1.89亿个神经元（这就说明了为什么一只老鼠写不出这本书），一只猩猩则有大概300亿个神经元。也许你会认为，860亿非常接近人们最初估计的1 000亿，所以这种准确性的提高并没有那么重要。对于这种看法，埃尔库拉诺-乌泽尔指出，140亿个大脑神经元足以组成一只狒狒的整个大脑了！她和她的团队还计算了人类大脑主要组成部分的神经元的平均数量：小脑（负责运动控制功能的核心部分）有690亿个神经元，大脑皮质有160亿个，而大脑其他部分的神经元数量则非常接近10亿个。

不过，埃尔库拉诺-乌泽尔的工作不仅仅揭示了神经元的数量，它开启了各种新见解的大门。来自范德堡大学的琼·卡斯、埃尔库拉诺-乌泽尔及其合作者第一次证明了，并非所有的大脑都是按照同样的比例规则构建的。[3] 举例来说，在啮齿动物的大脑中，如果大脑皮质中的神经元数量增加10倍，那么大脑皮质的质量要增加的不是10倍，而是50倍。[4] 与之相比，灵长类动物能够在相对更小的大脑和大脑皮质中塞进更多的神经元。事实上，灵长类动物的大脑质量几乎是和神经元数量同比例增大的，也就是说，大脑质量增加一倍，神经元的数量也增加一倍。举例来说，猕猴的大脑重约87克，是狨猴大脑的11倍，而猕猴大脑中的神经元数量大约是狨猴大脑的10倍。

作为灵长类动物，人类的大脑结构更为有效——他们的大脑质量更小，神经元数量更多。这种大脑结构给了人类第一个明显的进化优势，起码胜过了那些非灵长类物种。事实上，德国神经生物学家格哈德·罗特和乌苏拉·迪克进行的一项研究表明，不同物种的智力水平与它们大脑皮质中神经元的数量高度相关。[5]不过，这还不是故事的全部。也许你还在好奇，为什么其他灵长类动物不能问（或者回答）"为什么"。或者说得更尖锐点儿，为什么不是它们来研究我们的大脑？

我们怎么知道黑猩猩不会问"为什么"呢？大量实验证据表明，黑猩猩不会像人类那样，寻求无法被直接观察到的力量或原因的解释。举例来说，来自路易斯安那大学拉法叶分校的丹尼尔·波维内利和萨拉·邓菲-莱利就做过一个非常有趣的实验。[6]研究人员设计了一些假的木块，在里面放了铅块，所以这些木块不能被平稳地放置。他们把这些假的木块，连同其他看上去完全一样的、没动过手脚的木块一起展示给3~5岁的孩子和黑猩猩，实验结果非常令人震惊。61%的孩子至少以一种方式检查了假木块的底部，50%的孩子同时使用了视觉和触觉进行检查。而7只黑猩猩中，没有任何一只进行过任何形式的检查，所有黑猩猩都在不停地尝试把假木块放稳。它们就是不会问"为什么"。

2015年，一项非常有趣的实验证明，大脑的特定区域赋予了人类处理抽象信息的独特能力。[7]由认知神经科学家斯坦尼斯拉斯·德阿纳和L.旺领导的团队让人类和猕猴听一些语音，同时观察人类和猕猴被激活的大脑区域是否有差别。这些语音有两点不同：语音的总数（考察计数的能力）和语音的顺序（考察识别抽象模型的能力）。当语音发生变化时，这个团队利用fMRI技术监测了人类和猕猴的大脑。这些变化包括用AAAAB替换AAAB（模型不变，但是数量变化了），或者用AAAA替换AAAB（数量不变，但是模型变化了）。德阿纳和他的同事还观察了语音的数量和模型同时发生变化的情况，比如从AAAB转换成AAAAA。当语音的数量发生变化时，人类和猕猴与数字有关的大脑区域都被激活了。当模型发生变化时，这两种生物的大脑的相应区域也都被激活了。不过，当数量和模型都发生变化时，只有人类大脑的额下回（与学习和理解语言有关的区域）被激活了。这就意味着，虽然猴子也能识别数量和模型，但是它们并不觉得这二者的抽象组合足够有趣，值得它们进一步探索。这些发现可能与其他人类独具的特质有关，比如音乐鉴赏。

但是，为什么人类和猴子之间存在这种区别呢？在回答这个问题之前，我想先研究人类大脑的另一个似乎非常令人困惑的方面，那就是大脑的能量消耗。

虽然大脑质量仅占人体总质量的2%左右，但它的运作所消耗的能量占整个身体消耗的能量的20%~25%。比较起来，其他动物的大脑运作起来就要"省事得多"，平均的能量消耗不会超过10%。什么原因使得人类大脑的能量消耗如此之高？对这个问题，埃尔库拉诺-乌泽尔和她的团队给出了一个清楚的解答：因为人类大脑的神经元比其他灵长类动物大脑的神经元更多，所以人类大脑会消耗更多的能量（相对于身体而言）。事实上，不同物种的每个神经元消耗的能量差异不大。人类大脑的代谢值高，就是因为它的神经元数量相当多。

和其他动物的大脑一样，我们的大脑也是达尔文进化论中的自然产物。人类大脑之所以要消耗更多的能量，就是因为相比于非灵长类动物的大脑，人类大脑包含了更多的神经元。不过，我们还得面对一个令人困惑的问题：为什么我们有这么多的神经元，而猩猩却没有？虽然它也是灵长类动物，而且它的身形更大。

脑力还是体力？人类进化的选择题

野生动物可没有那种运气，可以走到最近的超市，在卡里的钱足够支付的前提下买很多食物（悲哀的是，很多人也没有这么好的运气）。它们得四处搜寻食物。不过，由于它们还需要睡觉、照顾幼兽、逃避掠食者，所以在其健康开始恶化之前，它们每天能够花在搜寻、捕猎、咀嚼和吞咽食物上的时间是有限的，最多不会超过8~9个小时。[8] 这就意味着，任何一种动物，也包括灵长类动物，平均而言，每天只能从食物中摄取一定的能量。通过对大量野生动物进行的广泛观察，研究人员得出结论，对灵长类动物来说，它们每天摄入的能量取决于其质量的大小。如果一种生物的质量是另一种的10倍，那么更重的生物积累和消耗的卡路里（在每天觅食的时间长短相同的前提下）几乎是更轻的生物的3.4倍。

在摄取能量的同时，各类物种也在消耗能量，这既是为了满足身体运动的需要，也是为了保证大脑中神经元的活动。这就是限制所在。首先，人们发现，比起通过觅食吸收能量的速率，身体消耗能量的速率更大。从数量上说，当一个物种是较轻物种的10倍重时，其身体的代谢值是较轻物种的5.6倍；而如果它们花同样的时间搜寻食物，那么更重的动物的能量摄入只有较轻物种的 3.4 倍。这本身就限制了灵长类动物的体型，因为它们需要花费尽可能多的时间搜寻食物。埃尔库拉诺-乌泽尔和她的同事们经过计算得出，灵长类动物的体重最高在 265 磅[①]左右——接近于一只不是首领的银背猩猩的重量。

如果我们考虑大脑中大量的神经元要消耗的卡路里值，那么情况就变得更有趣了。事实上，明显的是，即使灵长类动物花费它们的身体可以维持的最长时间（大概 8~9 个小时）去搜寻食物，它们也无法同时满足一个庞大的躯体和大量的神经元的能量需求。就像埃尔库拉诺-乌泽尔所说："这是一个要么拥有脑力，要么拥有体力的选择题。"[9] 二者不可兼得。更具体地说，研究人员估计，即使野生的灵长类动物每天花整整 8 个小时进食，它们能够负担的神经元的数量最多是 530 亿个左右（远少于人类的 860 亿个）。而且，即使是这样一个数字，也得以躯体的重量不超过 55 磅为前提。如果牺牲大脑的能力，换取躯体的重量（在进化允许的前提下），那么一只 165 磅重的灵长类动物就只能负担 300 个亿神经元——这大概是人类大脑的神经元数量的 1/3。这似乎与 600 万年前黑猩猩和人类最后的共同祖先的神经元数量大致相当。然后，从大约 450 万年前

[①] 1 磅 ≈ 453.592 4 克。——编者注

第七章　好奇心与人类的进化

开始，人类化石的数量急剧增加。有一个发现非常著名：一具距今320万年、几乎是人类女性的骨骼化石表明，人类祖先与现代黑猩猩和倭黑猩猩的祖先之间，存在明显差异。

1974年11月24日，古人类学家唐纳德·约翰逊在埃塞俄比亚北部的哈达尔发现了这具被称作"露西"的骨骼化石。[10] 顺便说一句，这个名字是探险队员帕梅拉·奥尔德曼提议的，当时他正痴迷于披头士的歌曲《缀满钻石天空下的露西》。露西的骨骼，连同1975年在哈达尔发现的至少13具其他个体的零散遗骸，以及2011年发现的一块骨头，被认为代表了南方古猿的成员。通过分析她的脚、膝盖和脊柱的结构，古人类学家们得出结论，露西大概有3.5英尺①高，主要是直立行走。就其饮食结构而言，她和现代黑猩猩一样，吃素，主要吃水果。

如果说将南方古猿露西清晰地与其他一些现代类人猿的祖先区分开来这一成果还不够令人吃惊，那么接下来的发现就绝对是令人震惊的了：在过去的150万年中，进化成现代人类的古人类物种的大脑体积几乎翻了三倍！

最初，这种增长相对平稳。一旦露西和她的同伴习惯了双脚直立行走，他们就能够走更长的距离，发现更具多样性的

---

① 1英尺 = 0.3048米。——编者注

环境，因为用双脚行走消耗的卡路里是用四肢和膝关节行动的 1/4。能量消耗的减少，再加上通过采集获得更多样的食物，这很可能使得在大约 200 万年前被称为"能人"（"有技术的人"或"心灵手巧的人"）的人种的神经元数量有了适度的增加。能人的大脑已经比现代大猩猩的大脑还要大了。

在不到 200 万年前，神经元的数量和大脑的能力真正开始快速增长。这不禁使人猜想，大脑能力的快速增强与随之而生的人类好奇心有着密不可分的关联。很可能是好奇心使得能人发明了第一个工具——将两块岩石碰撞、摩擦，制作出边缘尖锐的石头。在制作出这样的工具之后，好奇心再次帮助能人认识到，这可以解决露西和她的同伴难以处理的两个问题：把肉从骨头上分离下来，并把它切成易于吞咽的小块；从动物遗骸的骨头中弄出骨髓。他们的牙齿和骨骼残骸表明，能人不再是严格的素食主义者，肉成了他们食物的常规组成部分，这显著增加了他们的卡路里摄入量。

在向现代人类进化的道路上，下一个重要的步骤可以追溯到大约 180 万年前，那时出现了被称为"直立人"的人种。[11] 这种长腿、短趾人种大概非常善于长跑——这个特征有助于他们捕猎活的动物（虽然一开始可能是很小的活的动物），而不是只吃动物尸体的腐肉。

第七章　好奇心与人类的进化

毫无疑问，所有这些新的、不断改进的特性都有助于人类大脑中神经元数量的增加。自然选择的压力很可能也发挥了作用，因为相比于挖掘植物根茎，组织和执行远征打猎需要更强的认知能力。不过，核心的问题还是没有得到解答：是什么使得智人大脑比起直立人大脑增大了两倍多？这种惊人的变化发生在不到100万年的时间里。[12]正如我们将要看到的，这很可能源于我们今天认为理所当然的某些事情。

食物与大脑

能量限制了物种负担得起的神经元的数量。为了以某种方式克服这种限制，直立人，甚至更古老的海德堡人不得不寻找某种办法，极大地提高卡路里摄入的有效性。非常幸运的是，对我们以及我们的祖先来说，最好的办法之一就是烹饪。除了改善口感之外（除非厨子碰巧非常糟糕），烹饪使消化更有效率，因为它在肉眼可见的层面上（捣烂切碎）和分子的层面上（加热）把食物弄成了更小的部分。这就使食物能更充分地接触到消化系统中的酶。烹饪能将动物肉中的胶原蛋白基质凝胶化，也能改变植物中的复杂分子的结构。此外，烹饪的出现还为人类的菜单增添了一系列以前难以消化的食物（比如谷类和大米）。

2009年，哈佛大学的灵长类动物学家理查德·兰厄姆出版了一本名叫《着火》的书。[13]他在书中推测，人类在食谱中引入烧熟的肉，这直接影响了大脑的进化。通过研究能量对神经元数量（而不只是大脑的尺寸）施加的严格限制，埃尔库拉诺-乌泽尔把这一直觉，即我们得感谢烹饪使我们的大脑可以容纳相当多的神经元，转变成了一种更加合理的假设。[14]

特别有趣的是，如果兰厄姆和埃尔库拉诺-乌泽尔的想法是对的，那么通过一种积极的反馈增强机制，好奇心很可能在神经元数量的快速增长中起到了作用。

这一假设的逻辑是这样的。某个人种（大概是直立人）发现火有用，并从某一刻开始把它作为他们生活方式的一部分，这背后的推动因素肯定是好奇心。火能实现的远不止烹饪。它能提供热和光，使人类可以向更高纬度的区域迁徙。人类主动使用火的最早的证据大约有160万年的历史，它来自肯尼亚的两个地点，分别是库比佛拉和契索旺加。[15]汪得渥克洞穴在南非卡拉哈里沙漠边缘附近，在那里有距今100万年的被烧过的骨头和植物。同样，在以色列一个距今79万年的炉型遗迹中，人们也发现了被烧过的火石和木头。[16]持续、习惯性用火很可能是后来出现的。人们在以色列的塔本洞穴里就发现过清楚的

第七章 好奇心与人类的进化

证据，可以追溯到大约 35 万年前；在德国的舍宁根也有类似的发现。2016 年夏天，考古学家在以色列的凯塞姆洞穴发现了人类食用烧熟的肉的证据，该遗址大约有 40 万年的历史。在促使人类发现烹饪可以软化生的食物，使之更容易被消化、口感更好这一方面，好奇心很可能也发挥了作用。这一时期遗留下来的头骨的形状显示，人类用于咀嚼的面部肌肉以及牙齿都出现了大幅度的减少。考虑到烹饪使得人类每天用于咀嚼的时间从 5 小时减少到了 1 小时，这就没什么值得大惊小怪的了。通过改善饮食，人类还进化出了更小的消化器官，相应地节约了在消化过程中耗费的大量能量——这基本上就是牺牲内脏的体积，换来更大的大脑。

这些变化使得人类能够克服能量对神经元数量的限制，最终使人类大脑的体积增加了一倍。与此同时，很可能就是大脑皮质中神经元数量的大幅度增加（以及纹状体中神经元数量的增加，那种增加的幅度虽然不大，但是也令人印象深刻）推动着人类好奇心的发展，使我们获得了远超其他灵长类动物的本质上的优势。那时，人类个体大概还没有能力去问"怎么"和"为什么"的问题，但是那种能力正在进化当中。一旦那些关键而重大的问题浮现出来（也许是在人类语言产生之后，正如我将在下一节中描述的那样），就没有什么可以阻止人类尽其所能地发现和创造更多的食物资源，建立社区，并最终创立文化。所有这些都在快速发展。富含神经元的大脑，随着好奇心的增强，进化成了一个更大、更灵活、有着更多神经元的大脑。

需要说明的是，并非所有的研究人员都同意烹饪在直立人及其之后的人种的大脑发展中发挥着关键作用。[17]比如，加州理工学院的神经生物学家约翰·奥尔曼和密歇根大学的古人类学家C.洛林·布雷斯认为，烹饪只在最近的50万年或更短的时间里（这一假说很可能得到了有关火的日常使用的考古证据的支持）起到了重要作用。纽约温纳-格伦基金会的古人类学家莱斯利·艾洛则指出，毫无疑问，几个趋同因素通过一种反馈回路相互作用。这些因素可能包括富含肉类的饮食、更短小的肠胃、烹饪以及直立行走等。这些节省能量的适应性变化出现的顺序还处于争论当中。不过，正如我已经说过的，我相信，好奇心的本质发生了变化，这为烹饪提供了一个额外的关键因素。

"好奇心革命"

牛津大学的进化心理学家罗宾·邓巴在他的书《人类的演化》的一开头就写道："没有任何其他故事能像人类进化的故

事那样使我们着迷。我们似乎有着难以被满足的好奇心，想知道我们是谁，我们从哪里来。"[18] 起源确实总能激发人们的好奇心。我们努力想理解人类这一物种的起源，地球的起源，以及宇宙的起源。

神经元数量的大幅度增加赋予了智人新的认知能力，它创造了一些关于信息处理、学习和沟通的全新机制。最终，大约在 50 万~20 万年前，我们新获得的心理机制使我们创造出了独特的人类语言。[19] 语言究竟是经过了漫长的、达尔文式的进化过程才得以出现[20]，还是有一种相当意外的突变以一种类似物态变化的方式（就像水变成了冰）将语言能力注入了人类大脑？[21] 人类对这一问题并没有形成统一的观点。尽管这一争论本身很让人着迷，但它不在本章讨论的范围之内。让我讲述一个有趣的题外话吧，在 1866 年，巴黎的语言学学会就提出过禁令，禁止人们研究语言的起源，因为该学会判定这一问题无法通过严格的科学方法予以解答。这一禁令反映出来的是一个充满挑战的事实：与火的使用有所不同，人类基本上不可能通过考古遗迹追踪语言的发展。我觉得这条 1866 年的禁令很有趣，因为研究人员迄今为止还没能就人类语言的起源达成理论上的一致，这似乎证实了语言学会充满先见之明的担心。

本书的观点是，关键之处在于，人类独具的好奇心的出现和人类特有的语言的出现很可能是高度相关的。邓巴认为，人类创造一种复杂的口头语言（而不是简单的声音），其最初的目的就是为了闲聊！[22] 与其说语言仅仅被用于传递诸如"一大群狼正在接近"这样的基本信息，倒不如说它在一个更大的社会群体中被用来进行描述性叙述，以便人们处理那些并非迫在眉睫，但对于生存依然非常重要的问题。就像心理学家伊丽莎白·斯佩尔克所说："我们可以用它（语言）将任何东西组合在一起。"[23] 尽管人们对于邓巴的理论是否合理这一问题并没有形成一致的观点，但这个理论还是暗示出好奇心——闲聊的一个关键来源——和语言之间有着紧密的内在联系。其他理论则认为，语言的演变是为了交换不同类型的社会知识。那些理论也都承认好奇心的作用。非常有影响力的语言学家诺姆·乔姆斯基并不把语言主要看作一种沟通的手段。他争论道："语言的进化和设计，都是为了使其成为一种思考的工具。"就此而言，非常有趣的是，在2016年，来自加州大学伯克利分校的研究人员成功地制作出了一份"大脑图谱"，它展示了不同单词的含义是如何在不同的大脑区域中分布的。[24]

美国人类学家罗伊·拉帕波特和英国人类学家卡米拉·鲍尔等人认为，语言只是人类的符号文化的一个层面而已，而这种符号文化是一种更为广大的东西。[25,26] 他们指出，只有在文化事实的结构被建立起来之后，语言才可能起作用。根据这种理论，语言的出现伴随着一些仪式化的行为。那些行为是什么时候开始的呢？关于象征性习俗的最早潜在证据，是在南非的布隆伯斯洞穴中发现的红色赭石颜料的使用。[27] 这个赭石加工"作坊"距今大概有 10 万年。现代人类化石和象征性文物之间的时间上的巧合，使不少考古学家（但不是全部）确信，现代人类的身体与行为很可能是同步进化的。

再一次，从我们的角度来看，关键因素在于，社会共享的神话、仪式和符号很可能就是对那些使人不得安宁的"为什么"和"怎么做"等问题所做的复杂的回应。就此而言，它们是好奇心的产物。象征意义的产生也是如此。基本上，支撑着所有文化的整个抽象思维过程都是如此。在好奇心和语言之间形成的积极反馈产生了连锁反应，将智人变成了一种具有自我意识和内在精神生活的强大的智能生物。主要由好奇心驱动的创造性思维能力，以及与其他人分享累积性知识和汇总信息的能力，最终使人类实现了一些重大的历史性进步。其中一个进步是所谓的第一次农业革命，人类由采集狩猎转变为通过稳定的农业生产获取种植食物。[28] 这场新石器时代的人口转型发生于大约 1.25 万年前，涉及各种植物以及诸如狗、牛、羊等动物的驯化。另一场革命发生于大约 1.2 万年之后，一种关于科学本质的全新视角出现了。这就是著名的科学革命，始于文艺复兴后期的欧洲，一直持续到了18世纪后期。[29]

这场科学革命将主导中世纪思想的教条式确信文化转变为好奇心文化，把经验观察和探索放在了首位。像约翰·洛克和大卫·休谟这样的经验主义者重视的是证据和亲眼所见得到的印象，而像德尼·狄德罗这样的百科全书派人士则试图把所有的知识整合到连贯的文本当中。哥白尼、伽利略、笛卡尔、培根、牛顿、维萨里、哈维等人在观测和实验方面取得的重大突破，以及众多的理论概念，都来自这样一种认识：人类所知有限——无论是微观世界还是宏观世界，都有待人类进行彻底的探索。事实上，我们今天看到的所有科学进步都是这些革命性观点的直接产物。美国航空航天局把探索火星表面的探测器命名为"好奇号"，这也就不足为奇了。

列举几位科学革命先驱者的名字，这样一个简单的举动使我迈出了尝试理解好奇心的下一步。既然我无法去采访那些已经去世的伟大思想家，我决定简单地采访部分健在的人，众所周知，他们有着不同寻常的好奇心。我特别感兴趣的问题是：这些格外具有好奇心的人会如何描述和解释他们的好奇心呢？他们会如何选择好奇的对象呢？

第七章 好奇心与人类的进化

第八章
跨领域人才的好奇心

爱因斯坦曾经说过:"重要的是不能停止提问。[1]好奇心有它存在的理由。当一个人思考永恒、生命和现实的奇妙结构的奥秘时,他就会禁不住心怀敬畏。一个人只要每天试着了解一点儿这种神秘,这就足够了。"有些人认真地遵循着这条建议——他们有着无尽的好奇心。他们中的一些人成了杰出的科学家、作家、工程师、教育家和艺术家。大多数人都是具有好奇心的,这通常和重大的问题无关,而是和他们生活中的琐事有关。在我们这个只关注专业化的时代,具有广泛知识和兴趣的人似乎已经成了濒临灭绝的物种。不过,这样的人还是存在的,他们怀揣着热情,要去探究和求索。

博闻多学者

有这么一个人,即使是在知名的科学家当中,他也以强烈的好奇心著称。他就是物理学家弗里曼·戴森。[2]

戴森成功对不同版本的电磁和光的量子理论进行了整合,并将其称为量子电动力学,或者简称为 QED(顺便说一句,其中一个版本是理查德·费曼提出来的)。在他取得了这一重大成就之后,康奈尔大学甚至忽略了戴森没有博士学位这一事实,给了他全职教授的职位。不过,尽管量子电动力学非常重要,但它不能全面涵盖戴森取得的成就。在其漫长的职业生涯中,他研究过众多令人惊讶的主题,包括数学、为医院生产医用同位素的原子反应堆、物质的磁性、固态物理学、由核弹推出的宇宙飞船、天体物理学、生物学和自然神学。他还经常给《纽约书评》撰写文章,早在 9 岁的时候,他就写了一本科幻小说。

过去几年,我在不同场合见过戴森,我很喜欢找话题和他交谈。2014 年夏天,我终于逮到了机会,就他那异乎寻常的好奇心向他提问。90 岁的他一如既往,思维敏捷。

我开门见山地问:"你总是充满好奇心吗?"

"我总是像个孩子一样地问问题,"戴森回答,"不过我不觉得这有什么不同寻常。"这显然是自谦之词。他在高中开始思考的问题，为日后数学的分支数论做出了有趣的贡献。

"那么在你成年以后，你对某些事物的兴趣是否会大过对其他事物的兴趣？"

他想了一会儿，然后回答："大多数情况下，我对某个问题感兴趣，是因为我的一些朋友正在尝试解决这个问题。我一直和其他人交谈，对他们所做的事感到困惑。比如，我和莱斯利·奥格尔（英国著名化学家）谈及生命起源的问题，然后我就开始尝试解答它。"

"你的好奇心是否有什么模式可循？"

戴森再次沉思了一会儿，然后解释道："我对细节的兴趣确实大过我对宏观事物的兴趣——我对动物的兴趣大过我对动物园的兴趣。比如，在你从事的领域（指天文学和天体物理学）中，我的工作就主要集中在天文学（研究特定的天体物理对象），而不是宇宙学（研究作为整体的宇宙）。"

"那你是如何决定在什么时候进入一个新的领域，开始一项新的探索的呢？"

戴森笑了起来："我的注意力只能维持很短的时间，两三周以后我就倾向于放弃了。要么我解决了这个问题，要么我就撒手不管了。"

第八章　跨领域人才的好奇心

喔！我暗自对自己说道："这和达·芬奇一模一样！"

戴森好像看明白了我的心思，他继续说道："我总是觉得，科学家这个身份给了你研究任何科学问题的'许可证'。你必须愿意放弃'正常'的兴趣，以便发现别的东西。"

我的思绪还在继续，我暗自对自己说道："这也和费曼一样。"最后，我问戴森，他是否注意到好奇心和其他人格特征之间存在明显的相关性。他答复说，他没发现任何相关性。我估计他的一些科学家同事不会同意最后这一点，起码在涉及戴森本人的时候，不是这样的。神经学家、作家奥利弗·萨克斯（在我写作本书期间，他不幸去世了）就把戴森在科学领域从事的创造性工作称为"颠覆性"的工作："他觉得，不仅不能恪守教条，而且要具有颠覆性，这一点相当重要，他一生都是这样做的。"事实上，戴森本人在其2006年的《反叛的科学家》一书中就写道："今天，我们要把科学介绍给我们的孩子，作为一种对贫穷、丑陋、军国主义和经济不公的反抗。"[3]

我采访的第二位非常具有好奇心的人是宇航员斯托里·马斯格雷夫。[4]我第一次遇到马斯格雷夫是在1993年。当时他是一个宇航员团队的成员之一，正在为哈勃太空望远镜的首次维修任务做准备。那时候，我是一名为哈勃团队工作的天体物理学家。

你可能还记得，望远镜发射出去没多久，美国航空航天局就非常沮丧地发现，哈勃的主镜虽然被打磨得无可挑剔，但是它的规格错了——这一缺陷被称为"球面像差"。镜子的外缘被磨得太平了。虽然这个偏差很细微——大约是一根头发丝的 1/5——但它足以使图像变得非常模糊。天文学界非常震惊，而媒体则兴奋不已，他们把"哈勃"和"麻烦"联系在了一起。科学家和工程师们加班加点地工作，提出了一个方案，可以使哈勃重新拥有人们最初预期的性能。最终，研究人员提出了一个雄心勃勃的计划，来修正望远镜模糊的成像。

由 7 名宇航员组成的团队要前往哈勃所在的轨道，通过 5 次奇妙的太空行走，在哈勃内部安装一副"眼镜"——矫正光学装置和新的内部矫正摄像头。斯托里·马斯格雷夫进行了 3 次足以让人吓掉下巴的太空行走。对绝大多数人来说，这在个人探索方面已经足够了，但马斯格雷夫不属于绝大多数人。他还拿到了一个数学和统计学的理学学士学位、一个操作分析和计算机编程的 MBA 学位、一个化学方面的学士学位、一个医学博士学位（他曾兼职担任了外伤和急诊室医生）、一个生理学及生物物理学硕士学位，以及一个文学硕士学位。哦，对了，他还是一名喷气飞机驾驶员，喜欢摄影和工业设计，有 7 个孩子。

2014年8月，我再次和马斯格雷夫进行了交谈，并问了他一个问题："为什么你要攻读这么多学位？"马斯格雷夫毫不犹豫地回答："我的好奇心与某种不安有关，因为我对事物的现状不完全满意，所以我总觉得我得做点儿什么，我总是劲头十足地向前探索。"

"那你是怎么选择这些特定主题的呢？"

"一件事会自然而然地引向另一件事。在处理复杂的系统时，为了能够事先搞清楚变量对我想得到的结果会起什么作用，我开始使用数学和统计学工具。"他停顿了片刻，"那还是计算机刚刚开始发展的时候，所以我很容易地从数学转向了编程和操作分析。在搞明白计算机的工作原理之后，我开始对大脑的工作方式感到好奇。这就把我引向了化学、生物物理学和医学。一旦我学到了关于人体及其限制的一些知识，通向太空项目的道路就被铺平了。"

我不得不承认，以这种方式进行表达，一切都是那么言之有理。不过，我们当中的大多数人，都不会在追寻自己的兴趣时如此充满活力和坚持不懈。

马斯格雷夫继续说道："我研究过的所有主题都是相互联系或相关的。"在一个简短的停顿之后，他补充道："每个两三岁的孩子都是充满好奇心的。重要的问题是，好奇心被激发之后会发生什么。在很多情况下，成年人似乎在摧残好奇心。"

我听过不少人发表类似的评论。不过，我从实际的心理学研究中得到的结论是，只有感知型好奇心（可能还有多样型好奇心）会随着个体步入成年而衰退。特定型和认知型好奇心则在个体成年后的大部分时间里，保持着相当稳定的状态。

在和马斯格雷夫交谈之前，我就和另一位出名的博学之士诺姆·乔姆斯基有过简单的电子邮件往来。[5] 乔姆斯基是一名语言学家、认知科学家、哲学家、政治评论家和活动家，出版了超过100本书。[6] 他是20世纪被引用最多的学者之一，他的著作在语言学、心理学、人工智能、逻辑学、政治科学和音乐理论等领域都产生了非常深远的影响。

当我告诉他我在写一本关于好奇心的书时，乔姆斯基回信说这是一个"有趣的话题"。我问他，什么类型的问题会使他充满好奇，他机智地回复道："我觉得一个例子是，我很好奇为什么你会对好奇心感兴趣。"

我没有放弃，就又给他发了一封电子邮件："究竟是什么吸引你对特定的主题感兴趣？"

他很快通过电子邮件回复了一个我觉得非常吸引人的答

案:"吸引我的是这样一种认识,即语言是人类最为独特的能力,是我们思维本质的核心,它的每一个方面都是巨大的谜团。"我对此表示赞同。即便是我在第七章对语言的进化所做的极为简略的描述也表明,语言对现代人类成为具有独特能力的物种起到了不可或缺的作用。

在阅读乔姆斯基的笔记时,我还想到了别的事情。如果我用短语"问为什么的能力"替换他的答复中的"语言"二字,那么他的话就完美地描述了我对好奇心感兴趣的理由。

你也许还记得,在神经成像的实验中,当实验对象得到了问题的正确答案时,他们的额下回被激活了。人脑中的额下回包含着布罗卡区,这是一个重要的处理和理解语言的区域。此外,斯坦尼斯拉斯·德阿纳及其同事已经初步确认,大脑中的额下回可以使人们分析抽象的信息。[7]语言、认知型好奇心、对抽象概念的处理,这些无疑是乔姆斯基所说的"我们思维本质的核心"之精华所在。

我采访的下一位有着强烈好奇心的人,她的职业生活非同一般。在高中的时候,法比奥拉·贾诺蒂就特别喜欢文学和音乐,她拿到的第一个大学学位就是音乐方面的(作为一名钢琴家)。[8]她领导了一个由3 000名物理学家组成的团队,在2012

年发现了被称为"上帝粒子"的希格斯玻色子。[9]2016年1月1日，她担任了欧洲核子研究组织（CERN）的总干事，该组织管理着位于瑞士日内瓦附近的世界上最大的粒子加速器——大型强子对撞机。

"为什么你会决定从研究人文学科转向研究物理学？"我问贾诺蒂。

"我一直是一个充满好奇心的孩子，"她回答，"总是有很多问题。在某一刻，我意识到物理学确实能帮助我解答其中的一些问题。"

"没有相关的背景，这肯定很艰难吧？"

"确实如此，"她承认，"首先在大学里，我得做出调整，从接受人文学科的教育转向培养理解和处理物理问题的能力。"

"那你还保留了对音乐的喜爱吗？"

"当然，音乐是我的命根子，我一直都在听音乐。现在我弹琴的时间少了，不过有时间我还是会弹的。"

"除了物理学和音乐，你还对什么事物有热情？"

她笑起来："烹饪！在物理学和音乐，以及物理学和烹饪之间，我能找到很多共同点。首先，优雅是物理学理论、音乐，乃至芭蕾的共同主题。我小时候就总是梦想着跳芭蕾舞。"

"确实是这样。"我说。

"其次，在烹饪和物理学中，"贾诺蒂继续说，"你都需要一些规则或法则，但你也需要创造性。"不幸的是，因为我极少自己动手做饭，所以我对此无话可说。尽管如此，我还是提醒自己，烹饪很有可能在确保人类的大脑皮质拥有大量神经元方面起到了重要作用。

还有一个问题我觉得很有必要问，因为它关系到研究作为基础驱动力的好奇心的危险性。对贾诺蒂和她的团队来说，发现希格斯玻色子是一次难以置信的成功。人们为了寻找这种极其难以发现的粒子，已经花了差不多40年的时间。然而，大型强子对撞机很有可能无法发现任何新的粒子。考虑到整个设备花费了数十亿美元，这可能对新上任的总干事构成相当严重的公关挑战。"如果你们找不到别的东西怎么办？"我问。

"在基础性研究中总有意外惊喜，"她回答说，"有时候你能找到点儿东西，有时候则找不到。这是游戏的一部分。"然后，她又补充道："否定的结果也很重要，因为它们有助于我们排除某些理论，对另一些理论进行修改。"

"这还是有些令人失望的吧？"我小心翼翼地说。

她表示同意："我们需要结合所有可能的方法，比如加速器、针对构成暗物质（不会放射光的物质，这种物质的存在是人们通过天文观测发现其引力影响而推断出来的）的粒子的搜寻实验，以及天体物理学。"有趣的是，在我与贾诺蒂这次交谈的大约三个月后，大型强子对撞机进行的两次实验预示可能存在一种新的粒子，其重量是质子重量的 800 倍。不幸的是，随着更多数据的积累，在 2016 年夏天，那些预示都被证明只不过是转瞬即逝的统计巧合。

我有些犹豫要不要提及另一个充满争议的话题——多重宇宙。希格斯玻色子的质量相对较低，再加上大型强子对撞机有可能无法发现任何新粒子，这些都加强了一种推测性观点：我们的宇宙只是一个庞大宇宙群中的一个成员。根据这种理论设想，我们不应该对希格斯玻色子的质量感到惊讶，因为在多重宇宙中，即使是此前被认为不可能的值，也可能会出现在宇宙群的其他成员当中。犹豫之后，我问道："你怎么看多重宇宙的观点？"

"从心理学上讲，我觉得将多重宇宙作为一种解释有点儿像是放弃探索，"贾诺蒂解释说，"作为一名实验物理学家，我愿意继续探索所有的可能性。"

我暗自想到，杰奎琳·戈特利布的心理学实验（在第五章有描述）证明，这是绝大部分充满好奇的人的态度——探索各种可能性。最后，我觉得有必要问："现在你还像小时候那样充满好奇心吗？"

贾诺蒂毫不犹豫地说："更有可能的是，我的好奇心更加强烈了。我被好奇心和学习的乐趣所推动。没有什么比弄懂了我以前不懂的东西更让我开心了。"这几乎是戈特利布的原话。她说的是："我最大的快乐来自学习新的东西。"

"在那些有着强烈好奇心的人当中，你还能发现其他共有的特征吗？"

"当然，"她说，"那是一种超越已知的、被接受的、被认为得到证明的事物进行思考的能力。"

"你觉得这也适用于充满好奇心的艺术家？"

"当然如此。充满好奇心的艺术家探索着新的道路。他们用不同的视角看现实，超越了我们看到的表象。"

"你最喜欢的艺术家是谁？"

"在音乐方面，我最喜欢的是舒伯特，因为我觉得他是古典时期最浪漫的作曲家，也是浪漫时期最古典的作曲家。在视觉艺术方面，我特别喜欢意大利文艺复兴时期的艺术家们。"

我碰巧知道，贾诺蒂的兄弟克劳迪奥曾经说过，她"做任何事从来不会半途而废"。所以我忍不住半开玩笑地说了下面一段话："虽然你和达·芬奇一样有着非常强烈的好奇心，但你实际上喜欢做完你自己的项目。"

她笑起来："我可不会拿自己和达·芬奇做比较。我确实不喜欢半途而废。当我读一本书时，即使我发现它其实没什么意思，我也会坚持读完它。"

我的下一位访谈对象早在我读研究生的时候就与我认识，在我的整个职业生涯中，我对他充满敬意。马丁·里斯是世界知名的宇宙学家、天体物理学家、克拉福德天文学奖（以及其他奖项）获得者。[10] 自 1995 年以来，他一直是英国皇家天文学家。2004—2012 年，他是剑桥大学三一学院的院长；2005—2010 年，他担任皇家协会主席，并在 2005 年成为勒德洛男爵。他是少数通晓天体物理学和宇宙学的天体物理学家之一。

除了在天体物理学方面取得了众多成就，里斯还就人类在 21 世纪面临的挑战和风险，以及科学在社会、伦理和政治层面的问题进行了广泛的写作和演讲。[11] 作为这些活动的一部分，他参与创建了生存风险研究中心，这是剑桥大学的一个研究所，研究了人类生存的潜在风险（主要是由科技带来的）。

我们的交谈以我的标准问题开始："你是否从小就有着强烈的好奇心？"

里斯想了几秒钟。"我不确定，"他说，"我确实记得自己被各种现象困扰。比如，我们一般会去北威尔士度假，我对潮汐

第八章 跨领域人才的好奇心

很感兴趣。我想搞明白，为什么它们会出现在不同的时间、不同的地点。"简短停顿之后，他想起了另一件曾经困扰他的事情："在泡茶的时候，为什么茶叶一开始会聚集在中间或杯子的底部（这个现象有时候被称为'茶叶谜团'）？"由于这次访谈也是两位科学家同行之间的非正式交谈，我们忍不住就这一点，简短地交流了水动力学、埃克曼层以及其他的一些物理学概念。里斯最后回到了最初的问题上："我还一直被数字吸引。"

我转向第二个问题："你是在什么时候决定投身天体物理学的？为什么？"

里斯回忆道："这个决定做得挺晚，在高中的最后两年，我确实专攻数学和物理。"他继续笑着说道："这主要是因为我不太擅长语言。"他接着说："我在剑桥大学学数学，不过我觉得我不是当数学家的料。我想过学经济学，所以我学了点儿统计学。不过，我在第4年上了一些理论物理学的课程，然后我决定学物理学。丹尼斯·夏默教授被分配成了我的导师，他确实是一个伟大的导师，这对我很有帮助。顺便说一句，他也是斯蒂芬·霍金的导师。他有一种磁性，把我吸引了过去。结果就是，一年之后，我对于研究天体物理学充满信心。"

我完全同意里斯对夏默的赞许之词，我也有幸认识他本人。

夏默对研究工作有着一种充满感染力的热情，他有非常广博的知识，而且对宇宙学和天体物理学中值得好奇的事物非常敏锐。我也能理解里斯的选择，因为我发现，学生在选择他们的主题时，主要是依据老师的品质，而不是主题本身的内在特征。

我接着问另一个问题："近年来，你对气候变化和其他人类生存面对的威胁越来越感兴趣。什么激发了你的新兴趣？"

里斯早就预料到了我会问这个问题，所以他回答起来直截了当："一直以来，我都对政治颇感兴趣，并敬佩那些有社会责任感的人。于是，我开始对社会问题感到好奇。在我的书《时终》（*Our Final Hour*）里，我列举了一些我看到的风险，我相信现在它们已经被普遍接受了。另外，我已经60岁了，我得决定在接下来的10年里我应该做什么，以免最终一事无成。结果我当选了好几个重要的职位（也就是他成为皇家协会主席并被封为男爵），这使我有机会比原来计划的投入更多。"

我决定问及里斯的另一个兴趣点："和一些科学家同事不同的是，你对神学和宗教也表现出了很强的好奇心和很高的宽容度。你能简单说说你对这些主题的看法吗？"

"我一直对哲学有兴趣，也对宗教持宽容的看法。我自己不信教，不过我确实很欣赏文化、历史、宗教的习俗，比如基督教徒要周末去教堂，犹太教徒要点亮安息日的蜡烛，等等。

第八章　跨领域人才的好奇心

我希望这些东西都能够得以保留。我还相信，主流的宗教有助于打击极端基础主义。"

我转向关于好奇心的具体问题："根据你的经验，你觉得有一些人的好奇心比其他人的好奇心更强烈，还是不同的人只是对不同的事物感兴趣？"

里斯想了一会儿："好奇心的强烈程度肯定是不一样的，不过不同的人对不同的事物感兴趣肯定也是对的。"他最后回答道："比如，小孩子往往会对恐龙和外部空间感兴趣，那我们就应该让他们从那些主题开始探索，而不是强迫他们对别的东西感兴趣。"我觉得这是一个很棒的建议——要试着发掘和激励人们已经有的好奇心（起码在一开始的阶段），而不是给他们灌输一些没有吸引力的内容。

我碰巧知道里斯和一群未来主义者过从甚密，这些人怀疑，人工智能有可能在不远的未来主导世界，所以我觉得我应该就此提问。"你觉得'智能'机器会有好奇心吗？毕竟它们没有经历过自然选择的压力，而这是有机生命在进化过程中必须经历的。"

里斯再一次思考了片刻，最后回答道："关键要看它们是否会像我们这样具有意识和自我意识，或者说它们是否会更像'僵尸'（这个词用来描述与人类别无二致，但没有意识体验的机器）。如果意识是复杂系统的一种突变性质，那么它们甚至可能拥有比我们层次更深的意识。"

"确实如此，"我表示同意，"那它们会有好奇心吗？"

"我想，这取决于你定义好奇心的尺度，"在又一次的深思之后，里斯说，"如果一个对数学以外的世界只有一点儿兴趣的数学家也可以被称为是有好奇心的，那么这些机器肯定也有好奇心。"

我认为他的话非常有道理。最后，我问了我的常规问题："在那些有着强烈好奇心的人当中，你还能发现其他的共有特征吗？"

"我不确定，"里斯回答，不过又补充说，"他们通常比别人更有活力。他们当中的许多人保留着孩子般的童心——他们一直充满热情。"

这是一个有趣的说法。也许那些有着极其强烈的好奇心的人，能够更长久地保持他们的感知型好奇心——他们能够不断地感到惊奇——而其他人的这种好奇心则随着年岁增长而消退。

如果你觉得贾诺蒂的职业生涯不同寻常，那么你再看看我接下来采访的这个人。布莱恩·梅是摇滚乐团皇后乐队的著名主吉他手，有着狮子狗一般的头发，创作了《我们将震撼你》

《我想要这一切》《谁想永远活下去》和《表演必须继续》等大热的歌曲。[12] 此外，他还在帝国理工学院获得了天体物理学的博士学位；2008—2013年期间，他担任了利物浦约翰摩尔斯大学的名誉校长；他是美国航空航天局探索冥王星的"新地平线计划"科学团队的合作者；他还是维多利亚立体摄影的专家和收藏家，精通将两张平面图像以特殊视角融合成3D图像的技术。[13] 他还是保护动物的热心活动家。毫无疑问，我要和他谈谈——今天很少有人会有如此广泛的兴趣。

据我所知，在他16岁的时候，梅在父亲的帮助下设计制作了那把著名的吉他"Red Special"（红得特别）。他们用的木头来自一个有上百年历史的壁炉的框子，他们用它制作了吉他的颈部。所以我的第一个问题就是："为什么你们决定做吉他，而不是买一把？"

梅笑起来："答案很简单，我们没钱。那时候，摇滚乐刚刚诞生，知名的美国吉他和英国的同类产品都是我无法负担的。此外，做一把吉他也是一个很大的挑战。我父亲懂点儿电子、木工和金属制作，所以我们很享受这个过程，相信我们做出来的东西比现有的那些都要好。"

我接着问了一个我特别好奇的问题："在你得到物理学学士学位之后，你为什么选择成为一个音乐人？"

好奇心的秘密

梅没有一点儿犹豫："那是一种使命感。我热爱物理学和天文学，不过我学那些科目是为了让父母高兴，而音乐的召唤是如此强烈，我无法抗拒。而且我还担心，如果我不顺应这种召唤，它就再也不会重新出现了。"

"在研究了几十年音乐之后，你为什么又决定回来从事天体物理学的博士研究？"在33年的间断之后，梅重新注册申请了学位。

"那是一件非常幸运的事，"梅回答，"虽然我一直对天文学感兴趣，不过这其实得归功于帕特里克·摩尔爵士（英国著名天文爱好者、科普作家）。对我们这一代的很多天文学家来说，他扮演着'父亲'的角色，他问我为什么不回去。当时我认为自己不可能回去，不过我在一次采访中提到了这事。然后突然有一天，我接到了帝国理工学院天体物理学小组的负责人迈克尔·罗恩-鲁宾逊的电话。他对我说，如果我是认真的，那么他愿意做我的导师。"梅再次笑起来："成为名人就是路路畅通。"他继续说道："这可不容易。你得激活大脑中很长时间不用的那部分。罗恩-鲁宾逊对我非常严厉，这很重要，因为整件事情受到了高度的关注。"

我暗自想着，激活大脑中不常用的部分，这正是好奇心的一部分。这自然而然地引出了我的下一个问题："你觉得，你对音乐和天体物理学的兴趣有什么联系吗？还是说它们毫无关系？"

梅毫不犹豫地说："我觉得，我对一个领域的了解无疑增强了我在另一个领域中的能力。我并不认为科学和艺术需要分离开来。它们通过某种神秘的方式联系在一起。我现在认识很多科学家，比如'罗塞塔'项目（欧洲空间局发射了一架太空探测器，目的是研究67P/丘留莫夫-格拉西缅科彗星）的负责人马特·泰勒，他就很喜欢音乐。"

"为什么你会同意担任利物浦约翰摩尔斯大学的名誉校长？"

梅笑起来："因为我很好奇。我完全不知道担任名誉校长得做些什么，所以我决定搞清楚这件事。我还很好奇，担任名誉校长会不会改变我自己。顺便说一句，答案是否定的，这没有改变我。"他再次笑了起来。

"那你又是怎么对维多利亚时期的立体摄影产生兴趣的呢？"

"我还是孩子的时候就对它充满热情，这种热情从没离开过我。这就像是魔法。"

"你还对《恶魔》（一系列立体照片，据说它们展示的是地狱中的日常生活）有着特别的兴趣？"

"那些可是难以想象的劳动密集型的艺术作品，"梅回答说，"每一件作品都充满了神秘感和想象力。即使有了今天的技术，要重新制作其中的任何一件作品都非常困难。我曾和克劳迪娅·曼佐尼合作，根据'罗塞塔'项目拍摄的影像，制作了一幅 67P/ 丘留莫夫-格拉西缅科彗星的立体图像，并根据新地平线号探测器拍摄的冥王星影像，制作了冥王星的 3D 图像。"

"你还对别的东西感到好奇或者充满热情吗？"我问。

梅的反应很快："有两件事情。第一是动物。我们人类对动物的那种残忍令人惊恐。我要为让它们拥有体面的生命和死亡的权利而斗争。"他停了一会儿，又继续说道："我感到无比好奇的第二件事是人与人的关系，尤其是爱。爱是我们生命中最强有力的东西之一，它激励着我们。在古代，整个帝国都会因之创立或毁灭。不过，科学对爱所知甚少。那些伟大的作家离爱最近，他们能够描述它。"

我完全同意他的观点，不过我还认为，好奇心也符合类似的说法。我的最后一个问题是关于我听过的一个有趣的逸事的："天体物理学家马丁·里斯曾经和你提过，他认为没有哪位科学家比你看起来更像牛顿（尤其是头发，大概还有鼻子）。你自己有想到过这一点吗？"

梅笑起来："没有。事实上，当他说到这个的时候，我的第一反应是有点儿不高兴。我想,这就是他想和我谈的东西吗?不过后来,我们还是就天体物理学聊了很多内容。"

最后我问梅,他有没有想问我的东西。

他问道:"在宇宙中,我们是唯一的生命吗?"

我给他讲述了与太阳系外生命有关的研究的最新进展。[14] 我也提到,在20~30年内,我们有希望在围绕其他恒星运行的行星的大气层中,发现某些生物信号——由生命创造出来的异常现象,或者至少能够对太阳系外是否存在生命(或这种生命的稀有性)给出一些有意义的可能性限制。对我来说,关键在于,梅依然对天文学的前沿研究充满好奇。

自学成才者

到现在为止,我采访的6个人中的每一位——弗里曼·戴森、诺姆·乔姆斯基、斯托里·马斯格雷夫、法比奥拉·贾诺蒂、马丁·里斯和布莱恩·梅——都有着广泛、多样的兴趣,然而他们都以其在特定领域做出的贡献而闻名于世。他们在该领域接受过正规的训练,从事着正规的研究。戴森主要因其在基础物理学上的成就而闻名,乔姆斯基因他在语言学方面影响深远的观点而闻名,马斯格雷夫因其宇航员的身份而闻名,贾诺蒂因发现希格斯玻色子而闻名，里斯因他对天体物理学和宇宙学方面的诸多贡献而闻名，而梅则因音乐而闻名。我接下来的访谈对象，则主要以她的头脑而闻名。

智力是一个有着很多内涵的词语，难以界定，更难以测量。[15]然而，1986—1989年，玛丽莲·沃斯·莎凡特以228的"世界最高智商"被列入《吉尼斯世界纪录大全》。[16]尽管斯坦福-比奈智力量表和超级智力测试的分数是出了名地不可靠，且沃斯·莎凡特那非常特殊的分数也一直受到质疑，但是没有人怀疑她有着令人难以置信的智商。有趣的是，沃斯·莎凡特只在圣路易斯华盛顿大学读过两年哲学，甚至没有拿到过一个大学肄业的证书。《美国大观》杂志给她出专访时，顺便让她对部分读者提问做了回复，而她的回复是如此令人印象深刻，杂志甚至给了她一份固定工作。在她每周的专栏"问问玛丽莲"中，沃斯·莎凡特回答了各种各样的关于词汇和学术的问题，并分析和解答了许多逻辑难题。考虑到她那不同寻常的背景，我觉得将沃斯·莎凡特对自己好奇心的看法，与其他一些访谈对象的看法进行比较会很有趣。于是，我决定专注于三个主要的问题。第一个问题是我最为好奇的："多年来，你对哪个主题最好奇？为什么你觉得那些特定的主题会激发你的好奇心？"

第八章 跨领域人才的好奇心

我知道她的专栏经常会谈及哪些主题，所以我以为她的回答会和概率理论或者数理逻辑有关，不过沃斯·莎凡特的回答让我吃了一惊："我一直对人类的心灵、意识的本质、认知的广度和深度，以及无限之谜感到好奇。我的猫意识不到它不懂代数，那什么是我们没有意识到我们不懂，而一个智力更为优越的头脑却可以轻而易举地掌握的东西？"

我发现这个回答非常有趣，理由有两个。第一，出人意料的是，沃斯·莎凡特提出了著名的"未知的未知"问题的另一个稍有不同的版本——存在着我们不知道我们不知道的东西。第二，她提到的"智力更为优越的头脑"触及了另一个我非常好奇的话题：在我们的银河系中，是否存在着其他智慧文明？如果有，那么它们的本质会是什么样的？一方面，由于太阳系的寿命（45亿年）还不及银河系的一半，所以如果存在其他文明，则它们有可能比我们的文明先进10亿年以上。另一方面，我们对"费米悖论"——我们出乎意料地缺乏关于任何这样的文明存在的证据——还没有形成令人信服的解释，这说明有可能存在某些进化瓶颈，使这种文明非常难以过渡成智慧文明。

我问的第二个问题涉及沃斯·莎凡特个人好奇心的发展过程："你一直充满好奇吗？多年来（在你成年以后），你的好奇心是否有过什么变化？"

她的回答非常坦白："年轻的时候，我对各种对象都感到好奇——从青蛙到矮行星冥王星。那些好奇心几乎都消失了，这有可能是因为满足那些兴趣爱好需要借助显微镜或者望远镜。我了解到，这意味着要和大型（即受资助的）科学组织合作，但我的个性不适合这种合作。"

这个答复很有说服力，有可能代表了一种与生活经验积累有关的共同趋势。多年来，许多人似乎从对各种各样具体的"对象"感到好奇，转向了更全面、更哲学的问题。这再一次反映了从主要由感知型或多样型好奇心主导，转变到主要由认知型好奇心主导的状态。音乐评论家、作家马西娅·达文波特曾经风趣地说："所有伟大的诗人都英年早逝，小说是中年人的艺术，而散文则是老年人的艺术。"

我问沃斯·莎凡特的第三个问题和之前问过那些受访者的问题一样："在那些有着强烈好奇心的人当中，你还能发现其他共有的特征吗？"

她的回答和贾诺蒂的说法稍有不同，非常有趣："我注意到他们有一种能力，即忽略显而易见的现象——大概是因为它太无趣——把注意力转向事物看起来没有意义的层面。有时候，这些不起眼的层面是一条死胡同，而有时候，如果被合适的人

第八章 跨领域人才的好奇心

探究，它们会变得非常重要。"

思考着这一充满洞察力的回答，并将其与贾诺蒂的回答结合起来，我意识到这就是费曼的特征。否则，你该怎么解释他对那些看起来毫不起眼的现象感到痴迷呢？在沃斯·莎凡特的话中，我还能听到戴森的观点的回响；他说过，他对"细节"而不是"宏观事物"更感兴趣。不过，最重要的是，沃斯·莎凡特把握住了好奇心本质的一个方面：她不会对一目了然的东西有兴趣，而是更倾向于研究模糊的甚至神秘的东西。正如哲学家马丁·海德格尔所说："使自己变得易懂，这对哲学来说就是自杀。"[17]

我采访的下一位对象是约翰·霍纳（人们称他为"杰克"），他甚至没有从大学毕业。[18] 不过这件事并没有阻碍他成为最出名的古生物学家、麦克阿瑟天才奖获得者、电影《侏罗纪公园》的科学顾问，并发现有趣的事实，即至少某些品种的恐龙会照顾它们的下一代。他还证明了以前被认为是另一个品种的恐龙，其实只不过是不同年龄阶段的同一种恐龙而已。

2015年9月，我和霍纳进行了交谈。我的第一个问题带有试探性："你觉得自己充满好奇心吗？"

"当然，我就是这样的。"他回答得直截了当。8岁的时候，霍纳就发现了他的第一块恐龙骨头。到 13 岁时，他就挖出了一副恐龙的骨架。这些非比寻常的挖掘工作很自然地引出了我的第二个问题："你是怎么做到的？"

"我的父亲是一个整天和沙土岩层打交道的人，他很了解地理学。他把我带到了一个地方，他觉得我在那里很有可能发现恐龙的骨头。"[19] 短暂停顿之后，他继续说道："确实如此，那是我第一次发现了一些东西的地方。"

有些事情我还没太明白。"很多孩子都对恐龙着迷，不过他们中的绝大多数不会成为古生物学家。你是怎么走上成为专业古生物学家的道路的？"

霍纳笑了起来："我有严重的阅读障碍。即使到现在，我也只有小学二年级的阅读水平。当别的孩子在学习阅读时，我会去外面寻找化石。一旦我找到点儿什么，我就会去图书馆，查找恐龙的照片，试着确认那些骨头是属于哪种恐龙的。"

我打断了他一会儿："我估计那时候没人真正明白什么是阅读障碍吧？"

"确实如此，"他回答，"许多人觉得我有点儿低能，而我父亲则一直认为我就是太懒。实际上，就算我的照片出现在了他喜欢的杂志的封面上，他还是这么认为。"

我告诉霍纳，他和他父亲之间的有趣故事，让我想起了我

第八章 跨领域人才的好奇心

在电视上看到的对巴里·吉布、罗宾·吉布和莫里斯·吉布三兄弟的父亲的访谈。这三兄弟组建了流行音乐组合比吉斯乐队。访谈节目播出时，比吉斯乐队正处于其事业的巅峰状态，这三兄弟已经写就了他们所有的热门歌曲。而他们的父亲却坚持认为，"这些孩子在一生中没有工作过一天"。

我知道霍纳旁听过蒙大拿大学的地理学和动物学课程，于是我提出，请他讲一下当时的体会。

"多年来我都想进大学读书，学习很多东西。不过我没法通过入学考试，因为基本上所有的试题都需要广泛的阅读。"他回忆说。

"你真的有在学习吗？"这个问题一说出口，我就意识到，我知道答案是什么。

"大学里有一个很棒的收藏化石的地方，我对那些化石非常好奇。"

"但是，"我感到惊奇的是，"如今要做研究的话，如果无法阅读，你是很难取得进展的吧？"

霍纳大声笑了起来："我总是这样告诉我的学生，'如果你是第一个这么做的人，那么你就不需要读任何东西了'。"

这个回答除了有趣，还让我颇为吃惊。无意中，霍纳几乎是引用了达·芬奇的话。想想看，达·芬奇是怎么回应那些针对他阅读能力差的指责的："那些只会学习古人的作品，不会学习自然的作品的人只是自然的继子，而不是她的亲生儿子；自然才是所有伟大作家的母亲。"就像霍纳在 500 年后所说的那样，达·芬奇声称："虽然我不像他们那样，可以引经据典，但我的依据是更伟大、更有价值的东西，即经验，她是那些大师们的女主人。"

霍纳继续阐述着同样的感受："在研究中，我发现，很多其他的科学家都从他们读过的东西里形成了先入之见。我没有任何成见。如果我发现了什么东西，那么我就写下我发现的东西，以及我从那些发现中得出的结论。"在此，霍纳间接地触及了另一个多少有些不幸的事实，沃斯·莎凡特也曾经暗示过这一点。由于关于经费和知名度的竞争非常激烈，现在很少有科学家能够甘冒风险，自主地追随自己的好奇心。科学越是耗资巨大，就越可能阻碍个人的好奇心以及科学家"跳出框框"进行探索，而是更倾向于渐进式的进步。

回到我曾经问过其他几位"充满好奇心的人"的问题，我问道："你能想到其他与好奇心密切相关的特征吗？"

"很棒的问题，"他回答，"让我告诉你，此时此刻，我正在准备一次演讲，将要在一门叫'生物技术概论'的课上发表。对此我很有信心，这么和你说吧，"他戏剧性地压低了声音，

"我发现,这门课上很多人讲的话都干巴巴的。我的题目是(此时他的声音再次提高了)《怎么制作一只粉色荧光独角兽》。"

为了确定我没听错,我带着几分难以置信问道:"你真的要讲怎么制作一种新的活的物种——一只能在黑暗中发光的活的粉色独角兽?"

"当然。很多人都渴望成功——他们也许渴望治疗癌症。我对这个理论问题很好奇:我们能不能真的做出一个之前不存在的东西?为了做一个这样的东西,我们需要知道多少?"

这可真是令人震撼的想法,它完美地契合了贾诺蒂的"有能力进行超越性思考"的概念,以及沃斯·莎凡特的"有能力忽视显而易见之事"的想法。"这概括了你关于好奇心和科学的哲学吗?"我问。

霍纳再次变得非常自信:"我认为,当你追随着自己的好奇心,而不是其他人的好奇心时,最好的科学就会出现。你唯一的目标就是满足你自己的好奇心。"

我刚好知道霍纳还参加了另一个很大的项目,所以我觉得,我还得问问他与此有关的情况:"重构恐龙项目进展得怎么样?"

霍纳似乎在期待我问这个问题:"和其他人的做法不一样,我们没有用到从远古留存下来的 DNA。"他说的是哈佛大学基因学家、细胞工程学家乔治·丘奇从事的令人着迷的工作,其目的是利用从冻僵的猛犸象的样本中提取到的基因片段,使毛茸茸的猛犸象从已经灭绝的状态中复活。"确切地说,"霍纳继续说,"我们用的是鸟的 DNA,并试图对它进行逆向工程。结果表明,制作一条尾巴很困难,因为这本质上涉及制作脊椎。"

我对这个尝试包含的雄心感到震惊,我只能说:"即使你只做成了一部分,那也相当有趣。"考虑到霍纳的项目在智力方面的高要求,我忍不住问了最后一个问题:"你会从那些和你有着同样的好奇心的人中,挑选你的研究生和博士后研究人员吗?"

"毫无疑问!"

如果不是因为曾经被子弹击中腿部,那么我最后的这位访谈对象很可能就无法成为举世闻名的艺术家了。巴西雕塑家、摄影师、多媒介艺术家维克·穆尼斯对在圣保罗的那个性命攸关的晚上发生的事件做了如下的描述。[20]

有一天晚上,在结束一场社交活动之后,我目睹了两个男人之间的打斗,其中一个男人正在用套在手指上的铜环狠狠地击打另一个男人。我跳下车,帮忙把受伤的人拖离了攻击他的人。后者跑开了。当我正走回我自己的车时，我听到一声巨响，突然我就倒在了地上，挣扎求生。那个受伤的人已经神志不清了，他打开他的车门，摸出手枪，对着他看到的第一个穿着深色衣服的人的方向，打出了枪膛里的子弹。可那个人是我。幸运的是，我受的枪伤不是致命的，更幸运的是，开枪的那人是个有钱人。他求我别起诉他，并给了我一大笔钱。我用它买了一张机票，来到了芝加哥，那是1983年。

穆尼斯目前住在纽约，他偶尔也会在里约热内卢待一段时间。[21] 他是一位有着极其出众的想象力的艺术家，擅长利用日常生活中的材料，比如巧克力糖浆、糖果、杏仁和花生酱，精妙地还原经典的艺术作品，然后他还会给自己的作品拍照，生成一种摄影记者风格的图像。

2010年的电影《垃圾场》就记录了穆尼斯在位于里约热内卢郊外的格拉玛舒——世界最大垃圾填埋地——开展的一个雄心勃勃的项目。[22] 在那个项目当中，他和拾荒者们（被称为收藏者）合作，真正把垃圾变成了艺术。《垃圾场》曾被提名奥斯卡金像奖，并赢得了超过50个国际性奖项。

2016年2月，在和穆尼斯交谈时，就我从他的书《反射》

（*Reflex*）中了解到的内容，我问他："我知道，你很喜欢奥维德的叙事诗《变形记》。你觉得那是你整个工作的写照吗？"

穆尼斯笑起来："也许那不是一种写照，而是一种启迪。你知道，《变形记》的第一段是这样写的，'我的灵魂想讲述那些身体转变成了其他形式的故事'。这是关于感知和解释的一个非常有趣的叙述。"简短停顿之后，他继续说道："艺术家和科学家都想带着惊奇的目光看待所有东西。多年来，我一直想给艺术下一个定义，最后我得到了一个定义——'心灵和物质交互面的一种发展或者进化'。"他再一次笑了起来，说道："然后我就意识到，这个定义同样适用于科学。"

"在艺术和科学之间，你还能发现其他联系吗？"我问。

"当然，"穆尼斯马上回答，"艺术家和科学家都非常'饥渴'——他们奉献自己的生命去制作创造性的工具，帮助我们发现外面的世界是什么样子。当我和科学家们交谈时，我对这样的事实有非常深刻的印象。比如，关于亚原子，他们思考的事物已经超出了感官的范围。你怎么能观察或理解三维空间之外的维度呢？对习惯了视觉思维的人来说，这太难了。"

穆尼斯的观点和贾诺蒂描述的"充满好奇心的人有能力进行超越性思考"很相似，也和梅认为的"科学和艺术以某种神秘的方式相互联结"很相似。这很自然地引出了我的第二个问题:"你认为自己是一个充满好奇心的人吗?"

穆尼斯大声笑了起来:"你可以说,我的好奇心实在太强了,几乎成了一种病。当我还是孩子的时候,有人给了我一把螺丝刀作为生日礼物,我几乎把整个屋子都给拆了。他们不得不拿走螺丝刀,因为我触电了。我不认为自己博学多识,但是我试图做到对几乎所有的事情都至少懂得一点点。我觉得创造力的根源就是好奇心,想象的潜力也来自好奇心。"他沉默了一会儿,继续补充道:"有时候,我甚至嫉妒那些中世纪的人。那时候,已知的世界非常小,有一整个世界可以让你去好奇。"

"我想问你两件事,我知道它们都让你很着迷:光线和喜剧演员巴斯特·基顿。"

穆尼斯解释道:"在我的作品中,我试图发现我们是如何把从感官获得的信息转化为一种精神画面的。还有很多东西是你在艺术学校里没有学过的,包括光的物理学、视觉的生理学、视觉的神经科学和心理学等。不懂得这些,你就没办法工作。其结果就是,在我位于纽约的图书室里,有一半的书都是科学类图书。"

这正是达·芬奇的态度。"那巴斯特·基顿是怎么回事呢?"

"他的作品有两个主要特征:机制和因果。这是幽默的机制和身体的机制;在默片时代,这是非常重要的。我觉得基顿很了不起。"

我知道,在他的系列作品《墨水画》中,有一幅就是理查德·费曼的肖像。在这个系列中,穆尼斯手工绘制了浓墨重彩的、非常出名的图像。"为什么画费曼呢?"我问。

"我读过他所有的畅销书,"穆尼斯告诉我,"我认识的每位科学家都深深地被费曼打动了。"

我觉得的确如此。

"他甚至跑去巴西学习打鼓,"穆尼斯继续说,"他有一种非常开放的观察模式。科学家和艺术家都得拥有这种模式,以便发明看待事物的全新方法。"

我能想到的只有"的确如此"。最后我问穆尼斯,他为什么要去做格拉玛舒垃圾填埋场的项目。他的回答诚挚而动人。

"对我来说,那是最重要的时刻之一。当时,我正在做一个关于职业回顾的项目。我对自己说,'我知道艺术对我来说意味着什么',但我好奇的是,它对其他人意味着什么呢?于是我开始和那些在此之前与艺术没有实质关联的人合作。说到底,这还是被好奇心激发的行为。"由此制作而成的艺术品都被他拍卖了,所得的钱被他捐给了巴西的拾荒者们。

好奇心贯穿一生

1751年，塞缪尔·约翰逊写道："好奇心是一个充满活力的头脑所具有的永恒的、必然的品质之一。"[23] 如果我们仔细审视我访谈过的那些好奇心极其强烈的人的回答，那么从他们的个人经历和他们那充满活力的头脑中，我们能否获得某些洞见呢？我认为答案是肯定的。

虽然关于童年的回忆总让人半信半疑，因为它们可能经过了后来的修正和装饰，但是我收集到的那些说法毫无疑问地表明，即使他们从未有意识地想过，那些异常好奇的成年人往往也曾经是异常好奇的孩子。并非每个孩子都想解决潮汐的问题（像马丁·里斯那样）；虽然很多孩子都玩过恐龙玩具，但只有非常少的孩子真的会去挖恐龙的骨头（像约翰·霍纳那样）。让我们祈祷越来越少的充满好奇心的孩子遭到电击，那是维克·穆尼斯的不幸遭遇。好奇心表现为对探究现象、事件和物品具有强烈的兴趣和热情。但同样明显的是，具有超乎寻常的好奇心并不一定意味着这个孩子会被视为"有天赋"（想想霍纳的例子）。

心理学家米哈里·希斯赞特米哈伊猜测，孩子们会饶有兴趣地投入那些能够使他们在"获得成年人的关注与赞赏"的竞争中占据优势的活动，这对他们的生活来说意义重大。由此，他提出，一个因跳跃和翻滚能力被肯定的女孩子，有可能会对体育感兴趣。尽管这一理论设想确实适用于很多案例，比如毕加索在很早的时候就表现出了绘画方面的惊人才华，但具体的细节就复杂得多了（比如法比奥·贾诺蒂或玛丽莲·沃斯·莎凡特的例子）。布莱恩·梅的成长路径蜿蜒曲折：他和父亲一起做了一把吉他，后来又去学了数学和科学，接着踏上了通往音乐的道路（不顾他父母的反对），只是在最后回到了科学领域。这里有另一个重要的教益：一个人可以保持他的好奇心很多年，甚至会回归到他早年感兴趣的主题上去。希斯赞特米哈伊本人就承认，竞争优势本身往往并不是遗传的结果。与此相反，早期的好奇心可能是由孩子周围环境中的一些非常特殊的情况激发的。

贾诺蒂和里斯对他们大学生活的介绍表明，并非每个充满好奇心或者取得巨大成就的科学家，都在很早的时候就决心投身于科学事业。就像杰奎琳·戈特利布的实验所指出的，在确定并专注于特定领域之前，有些人探索了多个知识领域。兴趣转移和好奇心发散的最极端的例子要算斯托里·马斯格雷夫，他的转变令人难以置信。他的一个好奇心激发出了另一个好奇心，这非常类似于化学家、诺贝尔奖获得者伊利亚·普里戈金的经历。[24]普里戈金最初的主要兴趣是人文学科，迫于家庭的压力，他开始学习法律。这使他对犯罪心理学产生了兴趣，随后他投身于神经化学，想搞明白相关的大脑过程。在意识到神经科学还远远不能真正解释人的行为之后，他决定从基础开始，投身于自组织系统的基础化学。

回忆一下，马斯格雷夫也是从研究数学到研究计算机科学，再到研究化学，再到研究医学，最后才成为出色的宇航员的。这表明，好奇心一方面提供了指路的明灯，另一方面，它照亮的是一条蜿蜒的道路。具有强烈好奇心的人，未必能预见到好奇心会把他们带到哪里（比如戴森、沃斯·莎凡特和梅），但是任何时候，他们都关注着周遭的世界，准备去解答其中的一些谜团。有一个特征似乎能够使我们保持旺盛的好奇心（不管你在什么年龄阶段），那就是保持开放的心态，了解新领域中我们不熟悉的问题。里斯对生存威胁抱有兴趣，梅热情地投入保护动物权益事业，霍纳研究怎么制作一只粉红色的独角兽，这些都是非常出色的例子。也许弗里曼·戴森的例子会给人留下更深刻的印象。在他90岁生日之后没几天，在接受《量子杂志》采访时，他透露自己已经接受了一项新的挑战：为有效的临床试验建构一个数学模型，以降低死亡率。[25] 怎样才能保持并利用一个人的智力能量呢？

第九章
为什么要选择好奇心

人类的好奇心至少在一定程度上是为了生存而进化的。理解我们周围的世界、其因果关系，以及变化的来源，有助于人类减少预测上的错误，适应并调整环境。毫无疑问，对其他人感到好奇这一点，在结交同伴、创建社会结构方面起到了作用。18世纪的探险家贾科莫·卡萨诺瓦说过一句经常被人引用的话："爱是3/4的好奇心。"实际上，他在《回忆录》中写的是："当一个女人不向一个男人展示太多时，她就已经完成了使他与自己坠入爱河这一使命的3/4，因为爱不就是某种好奇心吗？"[1] 与此同时，对知识本身的渴求和对抽象概念的好奇，使得人类创立了丰富而复杂的文化。[2]

人类并非被动地对所见、所闻、所感做出反应。他们表现出对各种现象的好奇，偶尔也会积极参与探索。对相对较少的人来说，特定的主题能够激发他们强烈的认知渴望，使他们奉献自己的一生去追寻答案。不过，人们的好奇程度并不相同。毫无疑问，即使不是全部，一个人的好奇程度至少在某种程度上是由基因决定的。事实上，大量实验证据表明，几乎所有的心理特征都是遗传的。不过，试图搞清楚其他因素在决定人们的好奇心水平方面起到了多大的作用，仍然是一件非常有趣的事。是什么最终导致了那些非天生的"个体差异"，甚至是群体倾向？除了基因，其他因素可能包括原生家庭的影响，好朋友、教师、宗教机构的影响，以及普遍的文化环境和传统的影响。可以理解的是，区分基因和环境的影响并不总是容易的，尤其是因为二者有时候会发生复杂的相互作用。诚然，某人生活中一系列的悲剧性事件会使之陷入深深的绝望，但也有充分的证据表明，某些人的基因构成会使他们比其他人更容易受到绝望情绪的影响，即使所有人都处于非常相似的环境中。

好奇心与遗传可能性

为了更准确地估计各种心理特征（包括好奇）的遗传可能性，明尼苏达大学的托马斯·布沙尔和伦敦国王学院的罗伯特·普洛明、凯瑟琳·阿斯伯里等研究人员在很大程度上依赖于对双胞胎的研究。通常情况下，有 1/3 的双胞胎是同卵双胞胎（即他们的基因是一样的），其余的双胞胎则均等地分为同性和异性双胞胎。布沙尔和他的同事以一个名为"明尼苏达双胞胎分离抚养研究"（MISTRA）的项目而闻名；该项目在全球范围内召集双胞胎，这些双胞胎在童年时期和在此之前的大部分时间里，都是被分开抚养的。[3] 普洛明领导了双胞胎早期发展研究项目，该项目涉及约 1.2 万个家庭，阿斯伯里也参与了这项研究。

参与"明尼苏达双胞胎分离抚养研究"的双胞胎要接受大概 50 个小时的心理和医学检查。这些检查尤其强调对智力的测试，包括韦氏成人智力量表和瑞文标准推理测验。研究结果非常有说服力：与那些一起生活的双胞胎一样，那些大部分时间分开生活的同卵双胞胎有着类似的智力。

2004 年，布沙尔对大量研究项目的结果进行了回顾，这些项目的样本都来自西方相对富裕的社会。[4] 研究发现，遗传对人格五因素模型中的人格特征的影响在 40%~50%，而开放性（与好奇心关系最为密切的特征）的遗传可能性则高达 57%。换句话说，遗传学可以解释我们观察到的大约一半的人格特征差异。两种性别的遗传可能性没有显著的差别。

布沙尔还研究了多年来在另一个大型项目中搜集到的数据，该项目尤其关注心理兴趣（也被称为职业兴趣）。这一特别的研究项目涉及双胞胎、非双胞胎兄弟姐妹，以及父母和他们的孩子。它研究的是人们在艺术、科研、社会和企业领域表现出来的兴趣。其中，对科研的兴趣很明显地指向了好奇心，尽管好奇心对其他兴趣很可能也有重要的影响。同样，这些倾向都受到了基因的显著影响，平均影响水平达到了36%；共同环境这一因素则比较温和，对每一种特征大概有10%的影响。

基因对好奇心有强烈的影响，这会令人吃惊吗？大概不会。正如我们在第四章至第六章所看到的，好奇心需要一定的认知能力，这可能取决于工作记忆能力和执行控制能力；这些都在很大程度上受到了基因遗传的影响。然而，如果没有恰当的机会，以及用于满足生存和生活需要之外的心理能量，这些基因特征会保持一种潜伏的状态。在这个方面，布沙尔注意到："这些研究对西方社会中极度贫困的那部分人口的抽样不足，所以得到的结论不一定适用于那部分人口。"更重要的是，我们知道，基因并不是故事的全部。一个只遵循我们基因编码的进化指令的世界，与我们的真实生活有着很大的不同。那个世界很可能不会有莎士比亚、莫扎特和爱因斯坦。戏剧性的发展，比如人类语言的出现、导致文艺复兴的历史环境和科学革命，这些至少在部分程度上是由人类的好奇心引起的，这使得人类实际的发展速度远远快于单独由基因控制的发展速度。人类文明不是由于人类的基因突变产生的，而是人类通过知识的获取和传播创造的。人类的大脑仍然需要进行重要的选择，以接受有用的信息，正是在这里，我在第五章讨论过的好奇心和探究的策略开始发挥作用。周遭的环境用大量的信息轰炸我们的感官，我们的大脑必须从中选择那些对生存而言必不可少的信息，以及那些能够满足我们多样的、特定的、感知的、认知的渴望的信息。

鉴于好奇心在教育、基础研究、艺术灵感和各种形式的故事讲述（人际交往、图书、电影、广告等）等领域发挥着重要作用，即使我们承认好奇心的个体差异在很大程度上是基因引起的，但问题仍然存在：一个人的好奇心可以被培养吗？然而，在我们研究增强好奇心的潜在方法之前，我们必须承认这样一个现实：有些情况可能会强烈地抑制好奇心。

好奇杀死猫？

那些挣扎求生的人没有兴致、动力和时间去沉思生命的意义。难民的幼小孩子被迫光着脚走过国家边界，有时候甚至穿越整个大陆，同时忍受着缺衣少食的境况，他们几乎不会进行任何仅仅以满足好奇心为奖励的探究或活动。

除此之外，在整个人类历史中，神话、传统，以及有时候故意为好奇心贴上危险标签的错误信息，都起到了强大的威慑作用。[5]暴虐的统治者、严格的宗教教义的颁布者、信息的控制者，以及通常意义上顽固的现状守护者们，往往觉得他们统治的对象的知识水平低于他们，所以不应该鼓励好奇心。他们要说服大众相信，你不知道的东西对你没什么影响，事情就是它们所呈现的那样，因为它们就应该是那样的。显然，对那些掌握权力的人来说，这比通过学习获得卓越的知识要容易得多。

大概从来没有一个文明未曾将某些类型的知识框入禁区。那种认为好奇心是危险的、不应该任其自由发展的传统，恰好与人类文明本身一样古老。在《圣经》中，亚当和夏娃之所以被赶出伊甸园，就是因为他们屈从于好奇心（受到狡猾的蛇的唆使），他们想知道的比应该知道的还要多，于是他们偷吃了禁果。知名的苏格兰剧作家詹姆斯·布赖迪曾经幽默地（也或许是严肃地）把夏娃的行为称为"实验科学迈出的伟大的第一步"。[6]

在《创世记》中，当上帝决定毁灭邪恶的城市索多玛和蛾摩拉时，他还是决定拯救虔诚的罗得、他的妻子，以及他们的两个女儿。于是，他派遣两位天使去催促罗得离开索多玛城，天使告诉他们，在任何情况下都不得回头张望。罗得的妻子按捺不住好奇心，回头看去，结果只一瞬间就变成了一根盐柱（说句题外话，她应该是一个非常高大的人，才能与在以色列传统上被称为"罗得的妻子"的岩层尺寸一致）。[7]

在《圣经》的其他文本和大量的神学手稿中，还充斥着那种认为某些知识是非法的、所有人都禁止学习它们的观念。比如，在经典的《传道书》中，我们读到过让人丧气的警告："智慧越多，悲哀越多；知识增加会导致痛苦增加。"我们也读到过类似的告诫："不要对不必要的事情抱有好奇心，以免你看到的东西超过了人类的理解范围。"[8] 在圣奥古斯丁写于 5 世纪的宣言中，你还能听到这一威慑的回响："上帝为好奇的人准备了地狱。"圣奥古斯丁还把好奇心称为"眼睛的欲望"（即拉丁文中的 concupiscentia oculorum）。他警告人们要抵制那种数星星或沙粒的企图，因为这种徒劳的好奇心只会在通往谦卑奉献的道路上制造障碍。在 12 世纪的法国修士圣伯纳德那里，这一观点得到了强烈的呼应。[9] 他把好奇心提升到了致死之罪的高度，介于懒惰和傲慢之间。他声称"为了知而学是一种可耻的好奇心"。

在古代希腊，好奇心也并不总是得到赞许。希腊神话中有许多故事，讲的都是那些过于好奇的人遭到了神的惩罚。有一个传说和《圣经》中夏娃的故事非常类似。潘多拉无法克制自己的好奇心，打开了一个罐子（通常被错误地翻译成盒子），就此释放出了人类世界所有邪恶的东西。严厉的惩罚降临在公主姐妹埃尔斯和阿革劳罗斯身上，因为她们被好奇心征服，没有服从雅典娜特别关照的命令，偷偷看了那个装着新生的厄里克托尼俄斯的诱人的篮子；而这位神话般的未来的雅典统治者（有的版本说他是半人半蛇）用他的目光把两姐妹逼疯，使她们跳下了卫城。塞梅勒的神话也以一场灾难告终。她非常好奇，尽管宙斯试图劝阻她，但她还是坚持要亲眼看看处于最神圣的荣耀中的宙斯。结果，在电闪雷鸣的火光中，她被烧死了。

不过，你应该注意到了，人们可以争论说，在大多数这类故事中，招致惩罚的行为与其说是好奇心，不如说是不服从。我们还需要记住，直到大概17世纪，好奇心的含义与我们今天的含义有所不同。对各种自诩道德家的人来说，人类的好奇心不是在探究，而是在窥探与他们无关的事情。因此，12世纪英国学者亚历山大·内克姆甚至嘲讽人类在建筑领域的创新和成就是在干预上帝的创世活动："哦，虚荣的好奇心！哦，好奇的虚荣心！人类遭受着反复无常的破坏，'破坏了，又去建设，把方的改成圆的'。"即使是文艺复兴时期荷兰伟大的人文主义者伊拉斯谟，也指责好奇心是一种想知道无关之事的贪婪，而好奇心本应属于精英阶层，虽然他通常会肯定"圣经中的文字并没有谴责学习"。

人们对好奇心的态度是从 16 世纪开始发生变化的，尤其伴随着世界旅行家和博物学家数量的增加。[10] 事实上，诸如谁应该知道什么、他们应该怎样获得那种知识这样的问题，已经成了科学和宗教团体内部讨论的话题。牛津大学的历史学家尼尔·肯尼发现，1600—1700 年，在各类文本中，单词"好奇心"和源自拉丁词"curiositas"的相关词语出现的次数增加了 10 倍。这反映出由科学革命（其实也是哲学革命）激发的人们的探究兴趣在增强。第一个认识到好奇心是人类不可避免的情感的人是法国数学家、哲学家勒内·笛卡尔。[11] 虽然他倾向于把好奇心看成疾病——这表明他对这种热情的态度依然是矛盾的——但他也确实说过："好奇心是如此盲目，在其驱使下，人类常常踏上一条从未探索过的道路，即使看不到成功的希望，他们也愿意冒险试试看他们所寻觅的真理是否在前方。"当他提出人类的 6 种"原始激情"时，笛卡尔把"惊奇"（与好奇心密切相关）排在了第一个。他解释，惊奇的作用是"学习那些我们一开始忽略的东西，并把它们保存在记忆里"。

在此之后，还有一些以旺盛的好奇心而声名远扬的人物。

第九章 为什么要选择好奇心

比如，古怪的英国医生、作家托马斯·布朗就出版过不少五花八门的、关于晦涩难懂的主题的书，这些主题包括自然的奥秘、人类及其与上帝的关系、信仰与迷信、古物研究、园艺学史和死亡。[12]

19世纪初，普鲁士的博物学家、探险家亚历山大·冯·洪堡在南美、俄罗斯和西伯利亚进行了广泛的旅行，他出版过内容详尽的植物学、人类学、气象学、地理学、考古学和语言学方面的著作。[13]他的一位传记作者写道："洪堡把世界当成了他进行探索的实验室。"[14]洪堡的兄弟威廉·洪堡本人也是一位语言学家和哲学家，他曾经这样评价亚历山大，说他"恐惧单一的事实"，喜欢考察一个现象的所有层面。也许这么说不算太夸张：洪堡把好奇心人格化了。在其多卷本著作《宇宙》的引言部分中，他试图概述关于物理学的所有现有知识。[15]他还强调好奇心的平等性，并为此写道："科学知识是社会所有阶级的共同财富。"洪堡的话与比他早300年的达·芬奇，和比他晚150年的费曼的话几乎一模一样："只要一个博物学家可以进行详尽的研究，那么就没有什么东西是无趣的。大自然是进行研究的无穷无尽的源泉。随着科学的进步，知道如何质问大自然的观察者会发现新的事实。"这几乎可以被看作一个充满好奇心的人的宣言。在晚年，洪堡这样谈到他那难以被满足的好奇心："我想，虽然我没能在我好奇的众多科学领域中做出点儿什么成绩，但我还是在我走过的路上留下了一点儿痕迹。"牛津大学的社会历史学家西奥多·泽尔丁完美地总结了洪堡的贡献："他敢于在知识和感受之间创造出一种联系，在人们公开的所信所为和他们私下沉迷的东西之间创造出一种联系。"[16]

虽然从17世纪开始，人们越来越积极地看待好奇心，但还是有很多人对之保持着谨慎。这种不信任的一个典型的例子是歌德创作于19世纪的悲剧诗剧《浮士德》。在剧中，一位德国的学者因为无法通过自己的努力获得知识，把灵魂卖给了魔鬼。这一时期还有一种现象，好奇心不仅仅被看作人类对信息的渴望，也被用来描述人们对那些罕见、稀奇的东西的兴趣。由此出现了"好奇室"（或者"好奇屋"），那是一种类似小型博物馆的收藏屋，其中的物品是艺术品，或者来自大自然。

同样具有启发性的是，在格林兄弟出版于1812年的童话故事合集中，有很多故事传达了关于好奇心和探索行为的驱动力的模糊信息。[17]在他们那个版本的《睡美人》故事中（由1697年出版的一个故事改编），15岁的公主急切地探索了城堡的每个角落，最后来到了一座小塔前。她爬上了蜿蜒的楼梯，用一把生锈的钥匙打开了一扇歪斜的门。她发现自己的面前出现了一个纺线的老妇人。天真的公主几乎还没碰到纺车，就被纺锤扎到了手指，这使她沉睡了100年。这可不是在鼓励人们进行充满好奇的探索行为！

在童话《韩塞尔与葛雷特》中，年轻的兄妹俩也处于一种类似的困境中。他们进行了探险之旅，来到了一栋用蛋糕和甜点做成的房子前。这两个孩子不知道这个房子属于一个吃人的女巫，他们冒着生命危险，开始吃房子的屋顶。顺便说一下，这个女巫让人想起斯拉夫民间故事里鼻子很长的超自然生物巴巴亚加，她也是吃吵闹的孩子的。

尽管《睡美人》和《韩塞尔与葛雷特》都有美好的结局（公主最终嫁给了她的王子；韩塞尔和葛雷特智胜女巫，保住了性命），但这些和其他的一些童话故事似乎都在暗示，好奇心是有风险的。众所周知的格言"好奇杀死猫"描述的也是这一信息。有趣的是，这句格言最早出现于16世纪末的出版物中，当时那句话是"关切杀死猫"，其中"关切"指的是悲伤或者担心。[18]人们现在还不知道（至少我不知道），在19世纪末，"关切"是如何被"好奇"取代的。[19]不过，将"关切"改成"好奇"显然是一种对探究的警告，也是一种"少管闲事"的建议。

既然好奇心不仅是不可避免的，还是对知识的渴望的主要驱动力，我们或许能从以下观点中得到一些安慰，这也是对格言"好奇杀死猫"的某个版本的反驳："不过满足好奇心会使猫复活。"

好奇心是对恐惧的最佳疗法

不幸的是，针对好奇心的种种阻挠不仅限于中世纪和古希腊。直到今天，专制、铁腕政权及其意识形态，再加上狭隘的社会，仍在试图强行抑制好奇心。

那些旨在抑制求知欲、新奇想法和探索的行为并不局限于阻碍科学。普遍意义上的艺术和知识都未能幸免。举例来说，1937年，纳粹政府在慕尼黑组织了一场"堕落艺术展"，其主要意图就是给参观者灌输这样的观念：现代艺术体现的是犹太共产党人针对德国人民的一场邪恶的阴谋。[20] 展览涉及一些20世纪最伟大的艺术家：超现实主义画家比如马克斯·恩斯特、保罗·克莱；表现主义画家比如恩斯特·路德维希·基希纳、埃米尔·诺尔德、奥斯卡·考考斯卡和马克斯·贝克曼；立体派象征主义画家比如马克·夏加尔；抽象派画家比如瓦西里·康定斯基、恩斯特·威廉·奈；还有很多其他人。为了给人们留下"这些作品一文不值"的印象，组织方故意将绘画作品毫无秩序地钉在墙上。展品目录上对抽象画的介绍是贬低性的描述，比如"很难说明白，那些挥舞着画笔和铅笔的人，他们有病的脑子里到底有些什么"。为了加强消极的公众反应，组织方还雇用了煽风点火之徒混在参观者当中，高声地嘲笑艺术品。其中一些作品后来甚至被烧毁了。

从任何意义上说，一个反动的、偏执的极权政府破坏艺术或者采取精心的策略压制好奇心，这些情况都不会是最后一次发生。2001年3月14日，阿富汗有着神权政治色彩的塔利班政府宣布，对巴米扬的两座大型佛像实施爆破和摧毁。这些不朽的雕像（分别大概有175和125英尺高）建于6世纪前后。在那段大肆破坏的时间里，塔利班还摧毁了喀布尔博物馆和阿富汗各省其他博物馆内的雕像，就此切断了与阿富汗历史的联系。

然而，在对好奇心实施的所有攻击中，最骇人听闻的是，塔利班把目标对准了一个充满好奇心的人，马拉拉·优素福·扎伊。[21] 1997年，她出生于巴基斯坦的明戈拉，在童年时期就成了知名的活动家。2008年，在塔利班对女子学校实施攻击之后，她发起了一场题为《塔利班怎么敢剥夺我受教育的基本权利》的演讲。在做出这一勇敢的举动之后，她又在BBC（英国广播公司）上开设博客专栏。在她14岁的时候，塔利班对她发出了死亡威胁。2012年10月9日，在她搭乘公共汽车从学校回家的路上，一名枪手击中了她的头部。幸运的是，她活了下来，并赢得了 2014 年的诺贝尔和平奖，能够继续呼吁维护女孩的受教育权。2015 年 7 月，这位年轻、勇敢、充满好奇的活动家在黎巴嫩为叙利亚难民中的女孩开设了一所学校。

有一种非常典型的极端监控和压制好奇心的做法，就是焚书。关于各种破坏书本的活动记载可以追溯到公元前 7 世纪，而焚书则延续到了 20 世纪。比如，纳粹就经常把犹太作家的书付之一炬。1973 年，智利的法西斯主义独裁者奥古斯托·皮诺切特就下令焚烧了数百册书籍。1981 年，作为针对少数族群泰米尔人实施的三天大屠杀的一部分，僧伽罗警方和得到政府支持的准军事部队焚烧了斯里兰卡的贾夫纳公共图书馆，那里面收藏着成千上万册泰米尔语的书籍和手稿。

从这些镇压、威胁和侵害人身自由的事例中，我们能得到什么样的教训呢？我坚信这么一个道理，它是如此显而易见：好奇心是对恐惧的最佳疗法。自由最明显的表现之一，就是你能够对你喜欢的任何东西产生兴趣。弗里曼·戴森从狭义的科学应用角度指明了这一事实。他说："科学家这个身份给了你研究任何科学问题的'许可证'。"不过，自由的真实含义是，你可以追随你的好奇心去到任何地方，只要你没有侵犯别人的自由，并遵循一定的道德准则（在后记中，我还会进一步讨论这一主题)。或者就像牛津大学的学者西奥多·泽尔丁说的："对一个人的工作、一些爱好和一些人感兴趣，这在宇宙中留下了太多的黑洞。"[22]

2012年，在准备一次公开演讲时，我提出了"好奇心是对恐惧的最佳疗法"这一说法。不过没多久我就发现，我不是第一个注意到好奇心的"治疗"特性的人。2008年，在哥本哈根举办的"四年一度当代艺术回顾展"的横幅上，写有一句非常类似的话："用对未知的好奇心取代恐惧。"这一表达的意思是，自科学革命以来，科学家们不断发现，每一次新的突破都会带来一系列新的问题和不确定性；就此，我们应当认识到，周遭的世界提供了无限的机会让我们变得好奇，提供了众多的主题作为好奇的对象。我们不应该压制我们的好奇心。用弗拉基米尔·纳博科夫的话说："讨论这些问题就意味着好奇，而好奇反过来又是最纯粹的不服从。"[23]

在写作本书的过程中，我意外地发现爱尔兰作家詹姆斯·斯蒂芬斯用了比"恐惧的最佳疗法"还要有力的表达去刻画好奇心的力量。[24]在一本名叫《金坛子》的哲学小说中，他描写了一个男孩子。这个男孩生活在一片茂密得连阳光都无法穿透的森林里。在离他家不远的地方，小男孩发现了一块空地，夏天的时候，阳光会有几个小时照射到地面。"第一次看到这超乎寻常的光彩时，他惊呆了。"斯蒂芬斯写着。接下来，似乎是在呼应站在山洞口的达·芬奇，他继续写着："此前，他还从没有见过类似的东西，这团稳定的、不会晃动的光线既激发了他的恐惧，也激发了他的好奇心。"斯蒂芬斯用下面这段非常有力的段落总结道："好奇心比勇气更能够克服恐惧。事实上，它引导着无数人甘冒风险。要是只有勇气，那人们早就放弃探索了。因为饥饿、爱和好奇心是生命强大的推动力量。"

事实上，好奇心和恐惧之间的复杂关联远不是一句励志格言能概述的。它确实有着生理学的基础。奖励与惩罚机制都涉及大脑相关区域的神经递质多巴胺。2011年，密歇根大学的心理学家乔斯林·理查德和肯特·贝里奇证明，当多巴胺正常发挥作用时，在白鼠的伏隔核的前部注射多巴胺，会使它们的食量变成平常的3倍。[25] 如果把多巴胺注射进伏隔核的后部，白鼠的反应则是惊恐不安，好像正在被天敌追逐。这些实验证明，好奇心可以跨越恐惧与奖励之间的界线，这不仅是一种象征说法，在某种程度上，这就表达了字面意思。

了解了历史上集体压制好奇心的令人绝望的例子，我们现在转向一个更令人振奋和着迷的问题：我们怎样才能激发、培养个体的好奇心，不断提升它，使它保持活力？我要强调的是，我并不打算把下一节写成一份全面的"操作"或"自助"指南。倒不如说，我从此前的章节中抽取出了一些经验教训，这些教训有助于我们天生的好奇心。

如何培养好奇心

在他的那本风趣的书《你干吗在乎别人怎么想》中，理查德·费曼讲了一个有趣的故事，说的是他的父亲在他童年时期如何尽最大努力给他提供思考机会，最终帮助他成长为一名有着异乎寻常的好奇心的科学家。这个故事本身看起来没什么波折。父亲提醒费曼注意这么一个事实：一只鸟在走动时，总是在啄自己的羽毛（他说的大概是"整理"，而不是"啄"）。他问费曼，鸟为什么要这么做。[26] 费曼回答："大概是它们在飞的时候把羽毛弄乱了，所以它们啄羽毛，为的是把羽毛弄整齐。"于是，父亲提议用一个简单的办法来检验这个假设。他指出，如果费曼的猜测是对的，那么刚刚着陆的鸟会比那些已经在地面走动过一会儿的鸟更频繁地啄（梳理）它们的羽毛。父子俩观察了一些鸟，得出结论，这两类鸟之间没有明显的区别。费曼承认，他的假设可能是错的，并问父亲正确的答案是什么。父亲解释说，鸟受到虱子的困扰，因为虱子会吃羽毛上的蛋白质；有些螨虫会吃虱子腿上的蜡状物质，而一些细菌会在螨虫排泄的糖类物质中生长。父亲得出结论说："所以你看，无论哪里存在食物的来源，都有某种形式的生命可以找到它。"

这个童年故事看起来很平常，却有不少值得注意的方面。首先，费曼的父亲教会他享受观察和惊奇的乐趣。就像费曼自己说的："我像一个孩子一样，总是在追寻着奇特的东西。我知道我会找到的——也许不是每次都能找到，但隔一段时间，我总会有找到的时候。"其次，通过指出一种令人困惑的现象——鸟整理它们的羽毛——并就此提出问题，父亲唤起了费曼的特定-感知型好奇心。父亲在费曼的心里创造了一个看起来可以填补的信息缺口——这是一种激发好奇心的有效方法。同样，一个能说出美国 42 个州的州名的孩子，会比只说得出 5 个州的州名的孩子更有可能愿意学习她还不知道的州名。另外，父亲并没有给出答案，而是通过对费曼提出的解释进行检验，激发了费曼的认知型好奇心。实验证明，如果你的理论被证明是错的，那么你更有可能记住正确的答案（甚至你的无意记忆也会增强）。最后，父亲给出了一个答案，费曼在那个时候就已经知道，这个答案在细节上可能是错的——鸟梳理羽毛为的是清除灰尘和寄生虫，把羽毛摆在恰当的位置，并分配腺体分泌的油脂——但它在原则上确实是正确的。父亲还利用鸟整理羽毛这一普通的事实，使他得以一瞥关于生命的更为广阔的画面，包括生命的过程、生命对自然界食物资源的依赖等，这又促进了认知型好奇心的发展。

由此可见，费曼的故事包含了一些重要的线索，可以帮助我们了解如何培养自己的好奇心，以及激发别人的好奇心。首先，重要的是，我们要保持一种使自己感受惊讶以及使别人惊讶的能力。就像体育锻炼会增强关节和肌肉一样，保持一种孩子般的好奇心，等同于进行针对感知型好奇心的锻炼。我们怎么样才能做到这一点呢？一个方法是，每周几次，对我们每天遇到的众多事件、人物、事实和现象中的至少一个产生真正的兴趣。这当中包括，通过阅读搞明白什么在一场暴风雨中影响着分叉闪电的路径，询问合作者的业余爱好，尝试智能手机的一项新应用，关注某个推特账号，或者试图理解股票市场的行为（祝最后这项好运吧）。触发好奇心的对象究竟是什么，这并不重要，只要一个人会为之振奋就可以。同样，人们可以通过做一些难以预料的或看起来和以往的自己判若两人的事情，让别人感到惊讶，甚至让自己也感到惊讶。[27] 这可以通过穿着方式、与社交媒体的互动，或者通过改变自己的某种习惯来进行展现。积极地激发其他人的感知型好奇心，也会强化自己的好奇心。充满好奇心的人更愿意让自己接触新的感觉，体验新的心理状态。许多研究证明，好奇心增强了产生信息感知价值的动机。[28] 一项发表于 2004 年的研究提出，排除性格相似性产生的影响，充满好奇心的人会被同样好奇的人吸引。[29]

毫不意外，说到怎么激发好奇心，我们可以从达·芬奇那里学到一招：试图记录那些吸引我们的注意力，或我们打算对其进行探索的事物。这并不意味着人们需要像达·芬奇一样痴迷于记笔记，这可占据了他一生中的大部分时间。人们只需要记录那些确实很引人注目的现象和事件。对这样积累起来的笔记做一个回顾，我们就有可能揭示出潜在的主题或模式，激发起我们的认知型好奇心，并鼓励我们自己进行更为透彻的研究，从而产生学习的乐趣。

我在第四章至第六章中介绍过的神经科学和心理学实验（以及费曼关于梳理羽毛的鸟儿的故事）提出了另一种培养好奇心的方法，尤其针对儿童和学生。施教者应该不停地提出问题，但不能马上给出答案。恰恰相反，他们应该鼓励学生给出自己的答案，然后想出检验这些答案是否正确的方法。换句话说，这个方法的目标是不断训练他们的认知型好奇心的肌肉，提高他们的智力灵活性。

还需要注意的是，书店和图书馆也提供了锻炼积极、多样的好奇心的好机会。在你感兴趣的某本书的旁边，总是会有其他的书，它们很可能也一样有趣。我们在浏览器上进行某项特定的搜索时，网页上那些突然冒出来的话题可以提供这种体验的一种变体。它们可能是非常有益的，你不应该错过跟进这类联系。

我在对马丁·里斯的访谈中，提到了关于培养学生好奇心的一个非常重要的观点：一个好办法是遵循学生本身就具有的好奇心，并把由此产生的热情引入教学过程。也就是说，如果学生很想了解恐龙，那么我们就从恐龙开始。正如我在第六章介绍的实验所证明的那样，好奇心会使我们的大脑处于一种"把好奇对象及其周边的一切东西都吸进去"的状态。法国诗人阿纳托尔·法朗士非常敏锐地写道："教学的艺术就是唤醒年轻人自身好奇心的艺术，其目的是随后满足这种好奇心。"

我自己遇到的事情也有助于说明这个概念。我最小的女儿读中学的时候，班上的学生需要选择并完成一项科研项目。每个中学孩子的父母都很熟悉这个过程。学校分配这些任务的本意是要唤起孩子们的认知型好奇心，结果这往往成了家长的苦差事。当我的女儿问我，我认为的好的科研项目是什么样的时，我想到的是用不同的方法测量自由落体加速度（一根钟摆、一个斜面、从屋顶丢下某个东西等）。我女儿毫不犹豫地指出，那些实验都极其无聊，她还是决定自己想一个题目。

几天以后她告诉我，她想测试一下，哪种口红可以使用的次数最多。这个提议完全出乎我的意料，因为到那个时候为止，我女儿从来没有用过口红，也从来没有对口红表现出兴趣。看到我惊讶的表情，她马上给我解释，其实她真正想测试的是那些广告宣传是不是真实的。很显然，当时有家公司声称它的口红最耐用，而我的女儿想检测这个声明是否真实。我还是不太确定我们怎样才能实施这个实验，不过我的女儿已经有了想法。她的想法是，她涂上口红，然后在一张薄纸的不同位置捂10次；我们可以在她涂抹口红前后测量纸张的重量，由此测量出粘在纸上的口红的重量。我们需要对10种不同品牌的口红重复这一操作。

一项真正的科学实验就此开始形成，不过我们还得找到一个足够精确的天平给纸张称重，以达到我们需要的精度。这时候，我的妻子施以援手。她是一名微生物学家——在她的实验室里，有合适的天平。事实上，我妻子提议做第二个独立测试。她还有一种仪器，可以测量透明塑料片的不透明度，或者叫光深（在生物学中，他们称之为"光密度"）。也就是说，这种仪器可以测量光线在经过塑料片时，其强度被削弱了多少。她的想法是，我的女儿要再一次涂上不同品牌的口红，把嘴唇贴到一块透明塑料片上，然后再将光密度作为一种独立的测定因素，

第九章　为什么要选择好奇心

来判断哪种口红最耐用。我想,这很好地说明了这样一个事实:我们只要提供一点儿帮助,跟进孩子们真正感到好奇的问题,就可以促使他们开展认真的探索活动。如果你对此感到好奇,我可以告诉你,事实证明,那家口红公司的声明是真实的。我的女儿也赢得了科学竞赛的一等奖。

后　记

　　1870年，马克·吐温发表了一篇后来被命名为《一则中世纪罗曼史》的短篇小说。[1] 故事发生在1222年，大致经过是这样的：克卢根斯坦勋爵决心施展诡计，让自己的后代成为他哥哥勃兰登堡公爵的继承人。他们的父亲在临终前特别强调，王位继承人必须是男性，如果实在没有男性，则传位给勃兰登堡的女儿，但她必须证明自己清白无瑕。为了达到他那不可告人的目的，克卢根斯坦把自己的女儿伪装成儿子，并取名康拉德。此外，为了进一步确保勃兰登堡的女儿康斯坦丝女士无法成为继承人，他又派了一个名叫德钦伯爵的狡猾的年轻贵族去勾引她，就此玷污了她的名声。

　　随着勃兰登堡的健康状况开始恶化，年轻的康拉德被召唤去承担"他"作为最终继承人的责任。克卢根斯坦警告她，有一条非常严格的法律规定是，如果某位女性继承人在加冕之前坐在了公爵的宝座上，哪怕只是一会儿，那么等待她的处罚也是死刑。

几个月后，康拉德成为代理继承人，而康斯坦丝女士爱上了"他"，情节变得越发复杂起来。使康斯坦丝非常失望的是，康拉德并没有接受她的爱意，于是这份爱意变成了刻骨的仇恨。更糟的是，康斯坦丝女士其实早就被克卢根斯坦派去的那位擅长阴谋诡计的德钦伯爵秘密诱奸了。她生下了一个孩子，而德钦本人早就逃离了公爵的领地。

一场针对康斯坦丝的审判开始了，而康拉德则犹豫万分，她不得不作为代理公爵和法官，坐上了公爵的宝座。那时候，"他"还没有被加冕。坐在那把公爵的椅子上，"他"严正地对康斯坦丝女士说道："根据本地古老的法律，除非你供出你所犯罪行的同谋，并把他交付给刽子手，否则你将必死无疑。抓住这个机会——趁着你还有机会，救救你自己吧。说出孩子父亲的名字。"

这时，一个毁灭性的反转出现了。康斯坦丝的眼中喷射出怒火，她将控诉的手指指向了康拉德，大喊着："你就是孩子的父亲！"

年轻的法官陷入了困境，难以脱身。如果她为了逃脱康斯坦丝女士的指控而曝光自己的真实性别，那么她就会因为违禁坐上宝座而被处死刑。如果她不曝光，那么她则会因为诱奸表妹被处死刑。怎样才能解开这个错综复杂到令人难以置信的难题呢？

聪明的马克·吐温清楚地意识到，他在读者心中激起了越来越强的好奇心，他真的挺有一手。在小说中，他承认自己没办法处理这种情况。他做了一个简单的决定，给读者留下了永远的不确定性，一个永远无法被填补的信息缺口。"事实上，"马克·吐温这样写着，"我把我的男主人公（或者是女主人公）带入了这样一种没有出路的境地，我不知道怎样才能把他（或者是她）重新带出来——所以我打算彻底放弃了。让那个人自己去寻找潜在的最好的办法——或者就待在困境里面别动。"

人们真的有办法从这种恐怖的境况中拯救康拉德吗？虽然马克·吐温自己也想不出办法，只是打发他的读者自行努力咽下那种受挫感，我却认为不幸的康拉德还是有一线希望的。在这篇后记的结尾，我会给出我为那个故事设想的结局。

虽然意在娱乐，但马克·吐温用一种非常简单而有效的方法证明了好奇心的力量。[2]因为没有得到最终的解答，我们变得很困惑。记者兼作家汤姆·沃尔夫在他那本畅销小说《完美的人》中也耍了一个类似的花招。[3]他写到，一对夫妻登记住进了一家旅馆。然后"她从手袋里拿出那个小杯子，用它做了那件

后　记

事，那是他此前闻所未闻的事情"。⁴ 从那以后，不少读者都在徒劳地猜测那可能会是什么样的性爱方式。有些读者甚至贸然地把他们的建议寄给了沃尔夫本人。当他被问到这件事时，沃尔夫承认，那段话是他编的，意在暗示读者那是某种难以启齿的不同寻常的行为，但他并没有具体想到那是什么。

其他作家会使用更加复杂的技巧，目的就是唤起读者的某种非常类似于认知型好奇心的东西，一种为了获得更加深刻的理解而进一步分析的渴望。塞缪尔·贝克特的那部难解的话剧《等待戈多》就是一个非常杰出的例子。在这部两幕的荒诞派作品中，两个老头在等待一个名叫戈多的男人，但他并没有出现。这部话剧引发了各种各样的解释，从灵魂论（人类对救赎的需要）到马克思主义（用社会主义价值代替资本主义异化）。⁵ 还有人认为，这部戏剧反映的是贝克特本人在二战中投身法国抵抗运动的经历。而贝克特本人似乎巴不得让他的观众处于痛苦的迷茫和好奇当中。"《等待戈多》取得的巨大成功，"他说，"源自一种误解：批评家和公众一样，都忙着用各种比喻的、象征的术语来解释一部话剧，而它却不惜一切代价避免这种界定。"与之类似，19世纪末期，人们当时正在讨论由作家沃尔特·贝赞特在皇家学院进行的题为《小说的艺术》的演讲，该演讲引起了大众的兴趣；作家亨利·詹姆斯在笔记中写道:"这是生命和好奇心的明证——既包括同行相亲的小说家们的好奇心,也包括他们的读者的好奇心。"[6]他又补充道:"艺术扎根于讨论、扎根于实验、扎根于好奇心、扎根于各种各样的尝试、扎根于视角的交换和观点的比较。"

从在中世纪被断然谴责为一种恶,到在当代被赞扬为一种美德,好奇心经历了一场剧烈的价值重估。[7]不过,好奇心真的是一种道德上的善和值得追求的东西吗?比如,有一种类型的好奇心就很古怪,似乎难以解释:病态的好奇心。[8]为什么有人会在破坏、暴力、残肢和死亡的场景中体验到一种诱人的吸引力呢?对此,人们有着不少于三种的心理学解释(这意味着我们还没有完全搞清楚真正的原因)。

瑞士心理分析学家卡尔·荣格提出的第一种想法认为,每个人都拥有阴暗的一面,即使它被深藏在心里,处于道德的层面之下。[9]根据这种观点,我们那些可怕的冲动代表着一种努力,是我们要缓解因持续抑制违禁的欲望而产生的紧张。第二种理论认为,人们在看到他人的惨状后产生的强烈的惊恐是一种宣泄,一旦这种感觉过去了,观看者会变得更惬意。[10]这种观点可以追溯到亚里士多德,他认为哭泣是一种释放。伟大的哲学家康德也这么认为。第三种观点猜测,病态的好奇心会使人产生一种对他人所遭受的痛苦的同情,由此促进积极的社会互动。

后 记

换句话说，病态的好奇心被认为代表着所谓社会大脑进化的一部分，它会导致更复杂的社会交往形式。就算是这样，仅仅是病态好奇心的存在就足以证明，在张开手臂拥抱好奇心的所有表现形式之前，我们至少应该保留一些谨慎。这一警告也适用于这样的事实：相比于正面的故事，电视台对负面故事的报道更能吸引观众。[11]

今天，我们还会担心哪些与好奇心有关的行为呢？政府对公民的监视肯定会引起高度的关注，比如由美国国家安全局实施，并被爱德华·斯诺登泄露出来的那种监视行为；但这绝不是唯一的一种监视行为。[12] 技术会创造出很多自古以来就有的窃听行为的现代版本。顺便说一下，窃听这个词最初指的是站在屋檐下、不在视线范围的人偷听室内的私密谈话。有趣的是，在英国，打击窃听的法律早就过时了，却只在1967年刑法中才被废除。现在的窃听行为包括窃听电话，侵入别人的电子邮箱、短信息和其他私人通信工具。除非得到法院的特许令，所有这些侵犯个人隐私的行为都是非法的。谷歌、脸书和亚马逊这样的巨型公司半公开地搜集关于我们的消费习惯、医疗需求、兴趣、读过的书以及其他我们认为是私人的，甚至是隐私的信息，这是一种许多人会为之皱眉的好奇心，虽然这些技术公司拒绝了美国国家安全局访问它们的服务器。同样，狗仔队对知名人士的骚扰也是许多诉讼和头条新闻的主题。甚至某些科学研究，尤其是涉及人体或者严重的基因干预的研究，也会被认为是不合伦理的。

好奇心被贴上了双重的标签：好的和坏的，合法的和非法的，值得推荐的和引起争议的。我在本书中描述、讨论、强调的都是好的、有价值的好奇心，它们会加速和推动人类智力的进化。那种好奇心推动着教育、探索和所有那些我们生命中令人兴奋和倍受鼓舞的活动。与此同时，我们还要清楚地意识到，好奇心有消极的一面，尤其是在被好奇的对象是我们自己的时候。

还有一个问题值得我们略作思考。随着快速搜索引擎的出现，维基百科使我们在弹指间就可以得到信息，这是否会导致神秘感消失、好奇心（好的类型）萎缩或者被完全抑制的情况？YouTube、推特和维基百科真的削弱了我们感受惊奇的能力吗？2016年1月1日发表在《华尔街日报》上的一篇题为《看好你的孩子：让他们摆脱技术的羁绊》的文章就表达了这样的观点。这种担忧还体现在华德福的教育项目中，该项目以奥地利哲学家鲁道夫·施泰纳最初提出的想法为基础。这种教育方法强调想象力和实际试验在孩子的学习过程中的重要性。因此，直到孩子们到了青春期的阶段，华德福学校才会引入电脑技术。不过在这里，我需要强调的是，我只对信息和通信技术对好奇心产生的影响感兴趣，并不关心它们对普遍教育经验的影响。

因为我了解围绕这个问题的正反双方的观点，我决定问问认知科学家杰奎琳·戈特利布是怎么看的。"两种观点都有道理，"在一次交谈中，她对我说，"比如，我是一个充满好奇心、喜欢搜寻信息的人，那么如果我把互联网当成一种工具，我会发现它非常有用。"

虽然我和她的看法一致，但我还是觉得我得试试反方的观点。"是的，不过那是因为在你成长的过程中，还没有这些技术工具，如果你当时就拥有它们，那么你是不是不会成长为充满好奇心的人？"我问。

戈特利布回答道："也许是吧。不过好奇心主要还是来自你的大脑——它怎么激励你去学习以及怎么学习。如果你本身就是好奇心特别强烈的人，那么互联网不会影响这一点。只有对那些本身并非特别有好奇心的人，互联网才会带来不同的结果。"短暂停顿之后，她补充道："如果华德福学校能够激励学生好好学习，那么我不认为学生们的好奇心会受到互联网的负面影响。"

我想，这个话题至少在接下来的几年（甚至几十年）里，应该会成为教育人士和心理学家们关注的重点。并且，随着人工智能变得越来越强大（参见我在第八章对马丁·里斯的采访），关于这个话题的交谈在未来很可能转向完全不同的方向。不过，且不去泛泛地考虑互联网会对好奇心产生什么样的影响，互联网肯定不会阻挠推动科学进步的认知型好奇心。科学是由我们对未知问题的好奇心推动的，而那些问题恰恰是你无法在互联网上找到现成答案的问题。

我还没有忘记吐温的《一则中世纪罗曼史》。回忆一下，故事的主人公陷入了困境。要摆脱自己是康斯坦丝女士的孩子的父亲这一指控，她就得暴露自己其实是一位女性，也就会因为违禁坐上公爵的宝座而被处死。该怎么救她呢？有一条出路。克卢根斯坦大人派德钦伯爵去诱奸康斯坦丝女士的时候，不会料到她会怀孕。他也没法指望德钦伯爵出来自首，因为如果德钦这么做，那么他自己的性命会不保。既然他那个玷污康斯坦丝女士名声的歹毒计划已经成功实施，克卢根斯坦大人就得确保，在公爵的宫殿里，会有某个人（也许是女仆或者卫士）目睹这鬼鬼祟祟的诱奸行为，并能够出来作证。这位证人应该可以救下年轻的康拉德，而她就不必暴露自己是个女人。

我想大家都会同意，如果吐温是这样结束《一则中世纪罗曼史》的，那么这个故事的效果就要大打折扣了（虽然有了一

后　记

个圆满的结局)。通过让我们处于持续的好奇状态,吐温获得了非常令人难忘的效果。

17世纪的律师、数学家皮埃尔·德·费马取得了一项相当重要的成果,当时他在《算术》一书的边缘简洁地写道:"我发现了一个非常了不起的证明,但这里的空白部分太小,我写不下了。"[13] 这项证明就是著名的"费马最后的定理"——数论中最出名的定理。不过,费马其实并没有得出这个证明,他的这条有趣的笔记鼓励了一代又一代好奇的数学家们去找一种普遍的证明,不过他们都没有成功。这条定理最后是由英国数学家安德鲁·怀尔斯证明出来的,包含证明过程的两篇论文(其中一篇是与数学家理查德·泰勒合作完成的)发表于1995年。费马在书的边缘写下的笔记引发的好奇心推动了一项长达358年的重要的数学研究。

我希望我已经成功地证明了这样一个事实:做一个充满好奇心的人没有什么损失。在抛弃了中世纪人文学科中的教条的虚伪,以好奇心取而代之的过程中,我们成功引入并激发了一种全新的生活方式。他们说好奇心会传染。如果真的是这样,那么我的建议是:让我们把它变成一种流行。正如达·芬奇在500年前所说的:"盲目的无知会误导我们。哦!可悲的人类,睁开你的双眼!"

注　释

第一章　初识好奇心

1. 这个故事在1894年12月6日首次发表于 *Vogue* 杂志，当时的文章标题是《一小时的梦》（The Dream of an Hour）。
2. 出自《情人节》（Valentine's Day），一篇于1820年至1825年间发表在《伦敦杂志》（*London Magazine*）上的《埃利亚文集》（Essays of Elia）中的散文。
3. Bateson 1973; McEvoy & Plant 2014.
4. 勒杜在两本分别出版于1998年和2015年的畅销书中描述了他关于恐惧和惊讶的许多研究结果。
5. 伯莱因发表过一些重要的论文（比如Berlyne 1950, 1954a, b, 1978）和一本影响很大的书（Berlyne 1960）。
6. 见《利维坦》。霍布斯写道："渴望知道为什么、怎么做，以及拥有好奇心，只有人类才有这样的生命体验；所以，人类区别于动物的不仅是他的理性，也是这种独特的热情。在动物心中，欲望和感官的其他乐趣占主导地位，这使它们不必费心去了解原因。这是一种心灵的欲望，通过坚持不懈地获取知识，获得不绝的愉悦，这胜过任何短暂的肉体快感。"

7. 爱因斯坦在 1952 年 3 月 11 日给卡尔·西利格的信中写下了这段话（Einstein Archives at Hebrew University, 39–013）。西利格是一位瑞士记者、作家，他于 1952 年出版过一本爱因斯坦的传记（*Albert Einstein und die Schweiz*）。

8. Zuckerman 1984; Zuckerman & Litle 1985.

9. 为了研究洋流，一位名叫乔治·帕克·比德的英国科学家把 1 000 多个这样的瓶子扔进了大海，其中一个瓶子在仅仅 108 年后就被发现了。详情见 www.cnn.com/2015/08/25/uk-germany-message-in-a-bottle/。

10. 富布莱特委员会暑期语言学习项目甚至授予了谢夫林先生一份助学金，让他去爱尔兰学习。详情见 www.nytimes.com/2011/10/23/nyregion/character-study-ed-shevlin.html。

11. 在 20 年后对于这一事件的描述，请参阅 Levy 2014。

12. 这幅画甚至激发了一本小说的灵感（Siegal 2014）。

13. Biederman & Vessel 2006.

14. 马尔库斯·图利乌斯·西塞罗在《论善与恶的终点》（*De Finibus Bonorum et Malorum*）第 5 卷的第 17 册中写下了这段话（Cicero, 1994, p. 449）。相关讨论可参见 Zuss 2012。

15. 这段引文摘自《蒙面哲学家》（The Masked Philosopher），《世界报》记者克里斯蒂安·德拉康帕涅对福柯的一篇访谈。为了不让自己的名声影响到读者，福柯选择戴上了匿名的面具。这次访谈被收入 Foucault 1997，里面一些翻译上的不准确之处已经被纠正。

16. Clark 1969, p. 135.

17. 见"费曼系列访谈——好奇心",这是对费曼的一次访谈,详情见 https://youtube.com/watch?v=ImTmGLxPVyM。

18. 弗里乔夫·卡普拉在他那本出色的著作《向达·芬奇学习》(*Learning from Leonardo*)中提出过类似的观点(Capra 2013, p. 1)。

19. 这是一个基于将近 100 次访谈的有趣讨论(Csikszentmihalyi 1996)。

20. 你可以在下列网址看到后续的完整影像:hubblesite.org/newscenter/archive/release/1994/image/a/format/web_print/。

第二章 一个好奇的人——达·芬奇

1. Vasari 1986, p. 91.

2. 达·芬奇多次表达过这些情感,只是方式略有不同。例如,他写道:"我倾向于首先引用经验(MS. E, folio 552)。"这句话也出现在 Nuland 2000 中。

3. 参见 Richter 1970,也可参见 MacCurdy 1958 或 https://en.wikisource.org/wiki/The_Notebooks_of_Leonardo_Da_Vinci。

4. Vasari 1986, p. 91.

5. 书目清单见 Reti 1972。最早一份清单出现在 1968 年伦敦的《伯灵顿杂志》(*Burlington Magazine*)中。

6. Giovio 1970.

7. 瓦萨里告诉我们,教皇利奥十世给达·芬奇分配了一项工作,而"他却只顾着提纯橄榄油和药草,为的是制作出清漆",此举惹来了教皇的抱怨(1986, p. 116)。

8. 更加完整的引文如下:"为了培养出一个健全的心灵,要学习艺术的科学,学习科学的艺术,学会观察,要意识到每件事都是相互联系的。"

9. 这幅画在米兰的感恩圣母堂旁的修道院餐厅的墙壁上。在基尔于1983年出版的书中可以找到对这幅画的诸多细节的精彩描述,参见该书第24页。

10. 达·芬奇在他生前一直保留着《圣母子与圣安妮》。该画最好的印刷复制品之一参见 Zöllner 2007。对该画的精彩描述与讨论参见 Clark 1960。

11. 在《科学传记辞典》(*Dictionary of Scientific Biography*) 2008年版中,肯尼斯·基尔、拉迪斯劳·雷蒂、马歇尔·克拉格特、奥古斯托·马里诺尼和塞西尔·施内尔等人对达·芬奇在解剖学、生理学、工程技术、机械、数学和地理学等方面的研究进行了出色的讨论。Gillispie 2008。进一步的研究还可以参见 Kemp 2006;Galluzzi 2006;Capra 2013;White 2000。达·芬奇对大脑的研究在 Pevsner 2014 中得到了出色的解释。

12. 详细的介绍可以参见 Hart 1961 以及肯尼斯·基尔的文章,Gillispie 2008。

13. Bambach 2003.

14. MacCurdy 1958; Richter 1952.

15. Galileo 1960.

16. Nunberg 1961, p. 9.

17. Ackerman 1969, p. 205.

18. 《锡拉丘兹邮报》在1911年3月28日的一篇文章中使用了这个短语的一个版本。显然,该报引用了报纸编辑亚瑟·布里斯班的话,他在一次谈话中说:"用一张图片,这胜过千言万语。"

19. MacCurdy 1958, p. 100.

20. 他的部分重要著作包括 Pedretti 1957，1964 和 2005。他还是温莎收藏馆中达·芬奇作品复制版的合作编辑，Clark & Pedretti 1968。
21. Treatise on Painting, para. 55. 对达·芬奇科学方法的讨论参见 Keele 1983, p. 131。
22. Windsor Castle, Royal Library, RL 12579r. 美丽的复制品参见 Zöllner 2007, p. 525。对它的讨论参见 Gombrich 1969, p. 171。
23. 非常逼真的复制品参见 Zöllner 2007。这幅画现收藏于华盛顿的美国国家美术馆 (Alisa Mellon Bruce Fund, 1967)。
24. Treatise on Painting, para. 15.
25. 对此进行的出色讨论参见 Keele 的论文，Gillispie 2008, p. 193。
26. Manuscript Ashburnham 2038, fol. 6b, Paris, Institut de France.
27. 达·芬奇对它们的讨论与众多论题相关，包括人的心脏的运作、鸟的飞行、水的流动和各种机器的运作等。参见 Madrid Codex I, 128v。对此所做的出色讨论参见 Keele 1983, chapter 4。达·芬奇还写过关于重力的内容，比如："每一个物体的重力都向世界的中心延伸（Codex Atlanticus, fol. 246r-a）。"
28. Kemp 2006.
29. 对达·芬奇在曲线几何方面的工作的有趣的分析参见 Wills 1985。
30. Windsor Collection, fol. 19118v, MacCurdy 1958, p. 85.
31. Leonardo 1996, sheet 3B /folio 34r.
32. Codex Atlanticus, fol. 281v-a.
33. McMurrich 1930.
34. 达·芬奇对心脏研究的详细描述和透彻分析见 Keele 1952。
35. Zeldin 1994, p. 194.
36. 达·芬奇把代表心室的袋子和玻璃模型连在一起，挤压袋子，让水流经主动脉瓣。

37. 达·芬奇错误地认为，心脏跳动产生的推动力到了四肢就不再起作用了；这说明他没有理解血液循环的概念。
38. Zubov 1968.
39. Codex Atlanticus, 154 r.c. 这一文本有一些不同的翻译（参见 Mac-Curdy 1958, p. 64）。
40. Codex Forster, II, fol. 92v.
41. Richter 1883, vol. 2, p. 395.
42. Schilpp 1949, Autobiographical Notes.
43. Csikszentmihalyi 1996, chapter 3.
44. Freud 1916; Farrell 1966. 在1476年，确实有人匿名指控达·芬奇是同性恋，不过最终被驳回。
45. 对 ADHD 主要特征的描述参见 www.russellbarkley.org/factsheets/adhd-facts.pdf。也可参阅 Diagnostic and Statistical Manual of Mental Disorders (DSM-5), 2013, American Psychiatric Association。
46. Wood et al. 2011; Instanes et al. 2013.
47. Paloyelis et al. 2010, 2012; Lynn et al. 2005.
48. Collins 1997.
49. Kac 1985, p. xxv.

第三章　另一个好奇的人——理查德·费曼

1. Feynman 1988, p. 55.
2. Lange et al. 1995; Riesen & Schnider 2001.
3. 在量子计算方面，他做出了具有开创性的工作（比如 Feynman 1985a）。

4. Zorthian, J. H., Feynman 1995a, p. 49.
5. Feynman 1985, p. 261.
6. Codex Forster III 44v. 达·芬奇甚至说过更加激进的话:"画家与自然做斗争,并挑战它。"参见 MacCurdy 1958, p. 913。
7. 引自法国生理学家克劳德·伯纳德的文章,登载于 Bulletin of New York Academy of Medicine, vol. 4 (1928), p. 997。
8. Feynman 1985, p. 263.
9. Feynman et al. 1964, vol. 1, lecture 3, "The Relation of Physics to Other Sciences,"; section 3-4, "Astronomy." 可查阅 feynmanlectures.caltech.edu。
10. 引文出自"Lamia," part 2, line 234. 这首诗写于 1819 年,出版于 1820 年。详情见 www.bartleby.com/126/37.html。
11. 参见布莱克对群雕作品拉奥孔的评论。详情见 www.betatesters.com/penn/laocoon.htm。
12. Feynman et al. 1964, vol. 1, lecture 3, "The Relation of Physics to Other Sciences," section 3-4.
13. Feynman 1995a, p. 27.
14. Zorthian in Sykes 1994, p. 104. 费曼有女人缘是很出名的,他有时候甚至还会被认为到处滥交。事实上,加州理工学院的档案保管员朱迪思·古德斯坦和物理学家大卫·古德斯坦建议,人们应该把女性列为费曼感兴趣的领域之一。如果费曼的这些特点是真的,那他就应该受到谴责。然而,这一章并不是费曼的全传。它的目的是要证明,他无疑是有史以来好奇心最强烈的人之一。有一篇出色的文章谈到了费曼个性中那些该受谴责的方面,参见 Lipman 1999。
15. Kathleen McAlpine-Myers in Sykes 1994, p. 110.

16. 2011 年 3 月 20 日，加卢齐在纽约的意大利学院做过题为《光的影子：烛光映照下的达·芬奇的心灵》(The Shadow of Light: Leonardo's Mind by Candlelight) 的演讲。该演讲详情见 italianacademy.columbia.edu/event/shadow-light-leonardos-mind-by-candlelight。

17. 1948 年春天，费曼在一次小型的科学会议上介绍了这些图式。有关这些图式及其在物理学上的应用的故事可以参阅 Kaiser 2005。关于物理学和自然之美的深刻联系的描述，请参阅 Wilczek 2015 以及 Feynman 1985b。

18. 对电子磁矩最精确的测量参见 Hanneke et al. 2008。该结果的讨论详情见 gabrielse.physics.harvard.edu/gabrielse/resume.html。

19. Gleick 1992, p. 244.

20. Feynman et al. 1964, vol. 1, lecture 3.

21. 有趣的是，费曼为量子计算引入的一个概念（被称为"Feynman gate"）现在正在通过集成 DNA 和氧化石墨烯实现（比如 Zhou et al. 2015）。

22. Feynman 2005, pp. 245–48.

23. Feynman 2001, p. 27. 费曼认为这个故事的主角是爱丁顿，不过爱丁顿终身都是贵格会教徒，没有结过婚，这不免让人怀疑这则逸事说的是豪特曼斯。

24. Zorthian, William W. Coventry's "A Brief History of Lives in Science"，详情见 wcoventry0.tripod.com/id24.htm。盖尔曼也曾经抱怨费曼"花费太多时间和精力在自己的事情上"。

25. Gleick 1992, Epilogue.

26. 1959 年 12 月 29 日，费曼在美国物理学会的年度会议上发表了一篇名为《底部有足够的空间》(There's Plenty of Room at the Bottom) 的演讲。该演讲首次发表于 Engineering and Science, 23:5 (February 1960), 22。详

情可查阅 www.zyvex.com/nanotech/feynman.html。费曼还为"制作一台旋转电机"提供了奖金,他要求旋转电机的体积必须达到 1/64 立方英寸。威廉·麦克莱伦获得了该奖项。

27. 他的故事发表在一篇题为《小故事赢得大奖励》(Tiny Tale Gets Grand)的文章上,参见 Engineering & Science, January 1986, p. 25。
28. Tan et al. 2014.
29. 参见 2015 年的新闻故事《笔尖上的世界最小的圣经》(World's Smallest Bible Would Fit on the Tip of a Pen),详情见 www.cnn.com/2015/07/06/middleeast/isreal-worlds-smallest-bible/。
30. Sykes 1994, p. 253.
31. Sykes, 1994, p. 254. 文中只给出了句子的前半部分。关于费曼临终遗言的另一个稍有不同的版本参见 Gleick 1992, p. 438。"我痛恨去世两次。这太无聊了。"在与作者的一次谈话中,琼·费曼坚持认为,她给出的版本才是正确的。
32. Clark 1975, p. 157.
33. Codex Atlanticus, 252, r.a. 引文参见 MacCurdy 1958, p. 65。

第四章 对好奇心感到好奇:好奇心与信息获取

1. Silvia 2012.
2. Spielberger & Starr 1994.
3. Dennett 1991, pp. 21–22.
4. Kidd & Hayden 2015 对好奇心定义中涉及的一些问题进行了很好的回顾。
5. 舒尔茨研究过非常小的孩子是如何在这样的场景中做出反应的。参见 Cook et al. 2011; Muentener et al. 2012; Bonawitz et al. 2011。

6. 详情见 https://www.statista.com/statistics/398166/us-instagram-user-age-distribution/。

7. 除了他那本重要著作（伯莱因 1960）之外，伯莱因还写过一系列非常有影响力的论文。比如关于兴趣（1949）、关于新鲜感（1950）、关于感知型好奇心（1957），还有论述复杂性与新鲜感（1958）的论文。要查阅论述特定的好奇心的文章，可以参见 Day 1971。

8. 这是为伯莱因写的一份非常细致的悼词，参见 Konecni 1978 或以下网址 www.psych.utoronto.ca/users/furedy/daniel_berlyne.htm。

9. Day 1977.

10. Konečni 1978.

11. 威廉·詹姆斯是一位伟大的哲学家，为 20 世纪的许多思想奠定了基础。他在心理学方面的工作成果集中总结于 James 1890。他对科学好奇心的讨论见该书第二卷。他区分了科学好奇心和与探索新奇事物有关的兴奋和焦虑的混合情绪。用现代术语表达，这种区别大概相当于认知型好奇心与感知型和多样型好奇心的混合之间的区别。

12. 列文斯坦的文章（1994）给很多关于好奇心的现代研究带来了启发。

13. 此前，知识和好奇心之间的关系已经得到了研究，如 Jones 1979; Loewenstein et al. 1992。

14. 对更有数学兴趣的人来说，不确定性可以通过熵来量化，其公式是 $-\sum_{i=1}^{n} p_i \log^2 p_i$，其中 pi 指的是得到结果 i 的概率。

15. Litman & Jimerson 2004; Kang et al. 2009. 还可参见 Deci & Ryan 2000 中对人类需求的讨论。

16. Loewenstein 1994; Loewenstein et al. 1992; Eysenck 1979; Litman et al. 2005; Hart 1965.

17. Silvia 2006.
18. 读者被引导着从一种高度不确定的状态过渡到轻度不确定的状态。有关讨论参见 Gottlieb et al. 2013。
19. Emberson et al. 2010.
20. Gottl ieb et al. 2013. 总的来说，一个人必须将新信息融入他对世界的既定认识中。Beswick 1971.
21. Litman 2005; Kashdan & Silvia 2009, (chapter 34); Spielberger & Starr 1994.
22. Ainley 2007.
23. Wilson et al. 2005.
24. 济慈在 1817 年 12 月 21 日写给他兄弟的信中创造了这个短语。Keats 2015. 济慈写给家人和朋友的所有信件都可以在一本免费的电子书中找到，见 Letters of John Keats to His Family and Friends, edited by Sidney Colain。
25. Unger 2004, p. 279.
26. Dewey 2005, p. 33.
27. 参见 classics.mit.edu/Plato/meno.html。Inan 2012, p. 16.
28. 参见 https://www.youtube.com/watch? veqGiPelOikQuk。
29. 英国创立的笨嘴笨舌奖，每年颁发奖状。
30. Berlyne 1970, 1971; Sluckin et al. 1980. Silvia 2006; Edwards 1999, pp. 399–402; Lawrence & Nohria 2002, pp. 109–14. 更流行的拓展讨论可参见 Leslie 2014。
31. 冯特（1832—1920）有时候被人们称为"实验心理学之父"。关于冯特曲线的描述参见 Wundt 1874。
32. Berlyne 1971.

33. 正如我们在后面将要讨论的，有证据证明好奇心激活了多巴胺能系统，这是大脑中最主要的奖励回路（比如 Redgrave et al. 2008; Bromberg-Martin & Hikosaka 2009）。
34. LeDoux 2015.
35. Silvia 2006.

第五章　对好奇心感到好奇：好奇心的运作机制

1. Ryan & Deci 2000; Silvia 2012; and Kashdan 2004.
2. Spielberger & Starr 1994.
3. Litman 2005. 在后续的一系列实验和研究中，利特曼继续对 I 型和 D 型好奇心的假设进行了检验，参见 Litman & Silvia 2006; Litman & Mussel 2013; Piotrowski et al. 2014。
4. 2015 年的一份题为《理解好奇心：行为、计算和神经元机制》（Understanding Curiosity: Behavioral, Computational and Neuronal Mechanisms）的提案对此做了很好的总结。我分别于 2014 年 8 月 27 日和 2016 年 1 月 20 日对戈特利布进行了访谈；于 2015 年 6 月 2 日对塞莱斯特·基德进行了访谈。还可参见 Risko et al. 2012。
5. McCrae & John 1992.
6. 它们出现在几乎每一本心理学教科书上。参见 Schacter et al. 2014。最早的版本之一参见 Costa & McCrae 1992。从那以后出现了不少更新的版本，参见发表于 2010 年的 NEO Five-Factor Inventory-3。
7. Oudeyer & Kaplan 2007.
8. 对实验及其结果的描述参见 Baranes et al. 2014。对自主探索这一普遍问题的讨论参见 Gottlieb et al.2013。

9. 一般而言，内在激励的作用是促进各种技能的发展。对以知识为基础的内在激励和以能力为基础的内在激励的讨论参见 Mirolli & Baldassarre 2013, p. 49。

10. 劳拉·舒尔茨在 TED 大会上的演讲《婴儿的想法出人意料地有逻辑》（The Surprisingly Logical Minds of Babies）很好地展示了这一点，参见 http://www.ted.com/talks/laura_schulz_the_surprisingly_logic_minds_of_babies?Language=en。也可参见 2012 年 6 月 25 日她与作者进行的交谈。

11. New York Times (Angier 2012).

12. McCrink & Spelke 2016.

13. Lee et al. 2012; Winkler-Rhoades et al. 2013.

14. Kinzler et al. 2012; Shutts et al. 2011.

15. 为了了解大脑的早期发育，伦敦大学伯贝克学院的"婴儿实验室"正在进行一项拓展实验。在两年半的时间里，研究人员会记录婴儿的大脑和行为。对实验的描述参见 Geddes 2015。

16. Kidd et al. 2012. 也可参见 2015 年 6 月 2 日她与作者进行的交谈。

17. Schulz & Bonawitz 2007.

18. Gweon & Schulz 2011. 还可参见 Schulz 2012。阿祖拉·鲁杰里及其合作者进行的实验表明，即使是年幼的孩子也会采取提高信息获取效率的探究策略。Ruggeri and Lombrozo 2015.

19. 人们对激励动机进行的早期现代研究之一参见 White 1959。对构建因果结构表征的进化驱动力的出色描述参见 Gopnik 2000。

20. Baraff Bonawitz et al. 2012.

21. Giambra et al. 1992; Zuckerman et al. 1978.

第六章 对好奇心感到好奇：大脑中的好奇心

1. 对该技术的描述参见 www.ndcn.ox.ac.uk/divisions/fmrib/what-is-fmri/introduction-to-fmri。
2. 它的专业表达是"血流动力学反应"。
3. Kang et al. 2009.
4. 例如，研究发现，病态赌徒的前额叶和奖励系统之间存在着增强的功能性联系（比如 Koehler et al. 2013）。
5. 其他一些研究也表明，与（由好奇心触发的）期待奖励相关的动机状态可以增强记忆。Wittman et al. 2011; Shohamy & Adcock 2010; Murayama & Kuhbandner 2011.
6. 参见 2016 年 2 月 4 日她与作者进行的交谈。她的研究结果发表在 Jepma et al. 2012。
7. 此处指的是前扣带皮质和前岛叶。更多的关于前扣带皮质在冲突情境中的作用参见 van Veen et al. 2001。
8. 指的是诸如左侧尾核、壳核和伏隔核的纹状体区域。对奖励机制的出色描述参见 Cohen & Blum 2002。
9. 一篇题为《理解好奇心：行为、计算和神经元机制》的提案中有很好的总结；感谢戈特利布将其慷慨地提供给作者。
10. Gruber et al. 2014.
11. 参见 2014 年 10 月 2 日《医学日报》的莱西娅·布沙克对他的访谈。www.medicaldaily.com/how-curiosity-enhances-brain-and-stimulates-reward-system-improve-learning-and-memory-306121.
12. Anderson & Yantis 2013.
13. Blanchard et al. 2015. 对人们认为的眶额皮质的作用进行的批判性实

验参见 Stalnaker et al. 2015。

14. Voss et al. 2011.
15. 在这种情况下，任何一个给定的点上的信号强度都会随时间变化（Alexander et al. 2015）。
16. Open Science Collaboration 2015.
17. Gilbert et al. 2016. 这些研究人员声称，他们的分析彻底否定了再现性项目的结论。不过，Anderson et al.2016 对此进行了反驳，认为吉尔伯特等人的再分析取决于选择性假设。另一项用统计学方法做的再评估参见 Etz & Vanderkerckhove 2016。
18. Kaplan & Oudeyer 2007.
19. Tavor et al. 2016.
20. 我们在分子层面上也取得了一些进展。科学家发现，增加小鼠齿状回中的蛋白质神经钙传感器-1 可以增强其探索行为和记忆力（参见 Saab et al. 2009）。鸟类学家发现，蛋白质-可待因基因 DRD4 的变体可以在鸣禽中引起强烈的探索行为（参见 Fidler et al. 2007）。
21. Kahneman 2011, pp. 67–70.

第七章 好奇心与人类的进化

1. 有许多介绍大脑和心理的大众科普书籍。比如，介绍大脑结构的 Eagleman 2015 和 Carter 2014；介绍心理运作机制的 Pinker 1997；对与大脑和心理的相关概念做了扩展性编辑整理的 Gregory 1987。还可参见 O'Shea 2005; Encyclopedia Britannica 2008。
2. 有一些论文对她的工作进行了描述：Herculano-Houzel, 2010, 2011, 2012a; Herculano-Houzel & Lent 2005; Herculano-Houzel et al. 2007, 2014。对大脑

的尺寸、神经元的数量以及标度律的全面解释参见 Herculano-Houzel et al. 2007。

3. Herculano-Houzel et al. 2007.
4. 作为神经元数量函数的质量是指数为 1.7 的幂律。
5. Roth & Dicke 2005. 他们通过行为复杂性来衡量智力。研究人员发现，智力也与神经元活动的速度有关。神经元越密集，其活动速度就越快。
6. Povinelli & Dunphy-Lelii 2001.
7. Wang et al. 2015.
8. 对时间−预算模型的详尽介绍参见 Lehmann et al. 2008。
9. 有关解释参见 Fonseca-Azevedo & Herculano-Houzel 2012，另外，Herculano-Houzel 2016 用通俗的语言对其进行了描述。
10. 露西的故事参见 Johanson and Wong 2009; Johanson and Edy 1981。许多其他的书既讲述了露西的发现，还探讨了这一发现的影响，参见 Tomkins 1998; Mlodinow 2015; Stringer 2011。
11. 对人类进化的详细讨论参见 Steudel-Numbers 2006; Van Arsdale 2013。
12. Bailey & Geary 2009; Coqueugniot et al. 2004; 拓展讨论参见 Herculano-Houzel 2016。
13. Wrangham 2009.
14. Aiello & Wheeler 1995 认为，从某一刻开始，古人类大脑运作消耗的能量比肠道运动消耗的能量更多，这使总消耗率大致恒定。还可参见 Isler & van Schaik 2009。
15. Bellomo 1994; Berna et al. 2012; Gowlett et al. 1981.
16. Goren-Inbar et al. 2004.
17. C. Loring Brace 认为，火被系统地用于烹饪距今还不到 20 万年。参见 Dunbar 2014 中的讨论和 Gibbons 2007 中的简要描述。

18. Dunbar 2014.

19. 关于人类语言的起源和演变有各种各样的观点。参见 Carstairs-McCarthy 2001; Tallerman & Gibson 2012 中的评论。关于具体理论的讨论参见 Jungers et al. 2003; Deacon 1995。对基因 FOXP2 的潜在作用的讨论参见 Enard et al. 2002。对理论语言学与认知神经科学之间的相互作用的讨论参见 Moro 2008。

20. 当今许多学者持有这个观点，Pinker 1994 对这一观点进行了动人的描述。平克出色地将语言描述为一种本能。

21. 极具影响力的语言学家诺姆·乔姆斯基提出了这个观点。Chomsky 1988, 1991, 2011. 乔姆斯基认为，人类的大脑配备了一套天生的通用语法。

22. Dunbar 1996, 2014.

23. Angier 2012.

24. 一段有趣的视频展示了研究人员杰克·加伦特及其合作者的工作。参见 https://www.youtube.com/watch?v=k6lnJkx5aDQ。

25. Rappaport 1999.

26. Power 2000.

27. Henshelwood et al. 2011.

28. 有关人类文明史的简短、最新、原创、通俗的叙述，参见 Harari 2015; Mlodinow 2015。

29. 关于科学革命及其相关范式转变的两篇经典文本是 Kuhn 1962; Cohen 1985。最新的观点参见 Wootton 2015。

注　释

第八章 跨领域人才的好奇心

1. 摘自编辑威廉·米勒的回忆录，引自《生活》杂志（*Life magazine*），1955 年 5 月 2 日。
2. 《纽约时报》在 2009 年 3 月 25 日刊登了戴森的一篇题为《公民异端》（The Civil Heretic）的专栏文章。戴森的传记参见 Schewe 2013。
3. Dyson 2006, p. 7.
4. 2010 年 8 月，《航空航天》杂志（*Air & Space Magazine*）发表了一篇由黛安·泰代斯基撰写的采访马斯格雷夫的文章。这篇文章的标题是《老宇航员的故事——马斯格雷夫：唯一一个在 5 个航天飞机轨道飞行器上飞行的人》（Veteran Astronaut Story Musgrave: The Only Person to Fly on All Five Space Shuttle Orbiters）。
5. 有不少书论及乔姆斯基和他的观点，比如 Harman 1974; d'Agostino 1986; Otero 1994。其中对我特别有帮助的是 McGilvray 2005。
6. 在我写作本书时，他最新的一本书《谁统治世界》（*Who Rules the World*）出版于 2016 年 5 月 10 日。
7. Wang et al. 2015.
8. 这次访谈的时间是 2015 年 9 月 24 日。《福布斯》杂志在 2015 年和 2016 年都将贾诺蒂列为"全球最具影响力的 100 位女性"之一。
9. "上帝粒子"这个名字是由物理学家莱昂·莱德曼创造的，但即使是彼得·希格斯也不喜欢这种以自己名字命名的希格斯玻色子。经过 40 年的探索，人类发现了希格斯玻色子，这是几十年来科学领域最重要的里程碑之一。这一发现被完美地记录了下来，参见 Carroll 2012; Randall 2013，以及由马克·莱文森、大卫·卡普兰、安德烈亚·米勒、卡拉·所罗门和温迪·萨克斯制作的纪录片《粒子热》(Particle Fever)。

10. 我于 2015 年 10 月 25 日采访了里斯勋爵。他的科普书籍包括《时终》《六个数》(*Just Six Numbers*)和《宇宙创生之前》(*Before the Beginning*)。

11. 在一次 TED 大会的演讲中,里斯描述了宇宙学,以及他认为人类在不远的未来将面临的挑战;参见 www.ted.com/talks/martin_rees_asks_is_this_our_final_century。他对这些风险的解说还可参见 Rees 2003。

12. 这次访谈的时间是 2015 年 11 月 19 日。梅的生平简介参见 http://brianmay.com/brian/blog.html。

13. 一篇关于梅的热爱的文章参见 www.theguardian.com/artanddesign/2014/oct/20/brian-may-stereo-victorian-3d-photos-tate-britain-queen。

14. 对这些研究的简要描述参见 Livio & Silk 2016。

15. 例如,来自新西兰的政治学研究员詹姆斯·弗林证明,每代人的智商都会发生很大的变化,测量规范表必须经常改变。Flynn 1984, 1987; Neisser 1998。

16. 这次访谈是通过电子邮件进行的,时间是 2015 年 9 月 3 日。许多报纸和杂志都刊登过关于沃斯·莎凡特的文章。例如,玛丽·施米奇的《遇见世界上最聪明的人》(Meet the World's Smartest Person)发表在 1985 年 9 月 29 日的《芝加哥论坛报》上;此外,还包括萨姆·奈特于 2009 年 4 月 10 日在《金融时报》上发表的《高智商是负担吗》(Is a High IQ a Burden As Much As a Blessing),这篇文章参见 www2.sunysuffolk.edu.kasiuka/materials/54/savant.pdf。

17. 海德格尔继续写道:"那些崇拜'事实'的人永远不会注意到,他们的偶像只能在借来的光芒中闪耀。"Heidegger 2000, p. 307.

18. 这次访谈的时间是 2015 年 9 月 3 日。一份关于霍纳思想的传记参见 mtprof.msun.edeu/Spr2004/horner.html。他在 2011 年 TED 大会上的演讲参见 www.ted.com/talks/jack_horner_shape_shifting_dinosaurs?language=en。

19. Randall 2015 提出了一种颇有新意的假设,把地球上物种的灭绝和暗物质的性质联系了起来。

20. Muniz 2005, p. 12.

21. 这次访谈的时间是 2016 年 2 月 17 日。参见 La Force 2016 上关于穆尼斯的一篇文章。

22. 官方预告片参见 https://www.youtube.com/watch?v=sNIwh8vT2NU。

23. In *The Rambler*, no. 103, March 12, 1751. 线上资料参见弗吉尼亚大学图书馆电子文本中心。

24. 参见为普里戈金写的悼词 (Petrosky 2003)。

25. Lin 2014.

第九章 为什么要选择好奇心

1. Casanova 1922.

2. 有几本书涉及了好奇心的几个方面。Ball 2013 特别讨论了现代科学的出现。Manguel 2015 从但丁、大卫·休谟和刘易斯·卡罗尔等思想家的角度审视好奇心。Leslie 2014 主张培养好奇心,因为他认为互联网带来了一些危害。Grazer and Fishman 2015 描述了格拉茨的个人经历,得益于此,他创作出了那些著名的电影和电视节目。

3. 与此有关的出色描述参见 Bouchard et al. 1990。有关遗传和环境影响的背景知识参见 Bouchard 1998; Plomin 1999。

4. Bouchard 2004.

5. 相关的有趣讨论参见 Asbury & Plomin 2013。

6. 他的真名是奥斯本·亨利·梅弗。他是一名医生，曾在第一次世界大战中服役。这句话摘自他的剧本 Mr. Bolfry。

7. 以色列境内索多玛山上那根盐柱的图像，可以参见维基百科上的文章《罗得的妻子》。

8. Ecclesiastes 3:23 (King James Version).

9. 对于现代早期法国（和德国）对好奇心的关注的全面讨论参见 Kenny 2004。

10. 对这一变化所做的出色讨论参见 Kenny 2004; Blumenberg 1982; Ball 2013。非常专业的总结参见 Daston 2005。Hannam 2011 认为，即使是中世纪时期，也很可能并不像人们通常描绘的那样黑暗。

11. 对好奇心态度的变化的另一个引人入胜的总结参见 Zeldin 1994, chapter 11。相对较新的笛卡尔的传记，参见 Grayling 2005。

12. 对布朗的生活和工作的清晰而诙谐的描述参见 Aldersey-Williams 2015。

13. 关于洪堡的两本非常有趣的传记分别是 Helferich 2004 和 McCrory 2010。

14. De Terra 1955.

15. Von Humboldt 1997.

16. Zeldin 1994, p. 198.

17. 关于童话故事中的好奇心的有趣讨论参见 Rigol 1994。

18. 1598 年出现在本·琼森的戏剧《人人高兴》(*Every Man in His Humour*) 中。也可参见莎士比亚的戏剧《无事生非》。

19. 这句话首次发表于詹姆斯·艾伦·梅尔在 1873 年出版的一本《谚语手册》(*Handbook of Proverbs*) 中，该手册的一个版本可以在亚马逊网站上找到。

20. 2014年，纽约的新美术馆（Neue Galerie）组织了一次特别展览，展示了1937年那次展览的艺术品、照片、电影和文件。展览会的目录是 Peters 2014。

21. 马拉拉的故事参见 Yousafzai & Lamb 2013。

22. Zeldin 1994, p. 191.

23. Nabokov 1990, p. 46.

24. Stephens 1912, p. 9.

25. Richard & Berridge 2011.

26. Feynman 1988, p. 14.

27. 在如何塑造创造性生活的建议中，希斯赞特米哈伊（1996, p. 347）也提到了使人惊讶和感受惊讶。

28. Rossing & Long 1981.

29. Kashdan & Roberts 2004. 关于依恋和好奇心的关系的研究参见 Mikulincer 1997。

后　记

1. 这个故事初次发表时用的标题是《一则相当恐怖的中世纪罗曼史》（An Awful Terrible Medieval Romance），in the Buffalo Express, on January 1, 1870。1875年，其标题改为《一则中世纪罗曼史》（A Medieval Romance），in Mark Twain's Sketches, New and Old。

2. 对它的分析与解释参见 Baldanza 1961; Wilson 1987。

3. Wolfe 1998.

4. 在 The Bonfire of the Vanities、Hooking up，以及一篇非虚构文章中都有提到。

5. 该剧引发的困惑和"谜团"在 Atkinson 1956 中得到了很好的表达。
6. James 1884.
7. Benedict（2001）的广泛研究极好地描述了从 17 世纪末到 19 世纪初的好奇心的历史。Watts Smith 2015 是一本笔调优美、简明扼要的汇编，记录了各种情绪（包括好奇心）和人类的反应。
8. 研究人员用感觉寻求量表对其进行了讨论和量化，详见 Zuckerman 1984; Zuckerman & Litle 1985。
9. Chapter 2 of Jung 1951.
10. 这是亚里士多德提出的观点，他说人类"喜欢凝视那些让我们感到痛苦的事物的最为精确的图像"，O'Connor 2014。还可参见 Zuckerman & Litle 1985; Kant 2006。
11. 参见 Egan et al. 2005 中的一个跨文化研究。
12. 斯诺登泄露出来的大部分材料刊载在英国的《卫报》以及《华盛顿邮报》上。全国公共广播电台播出过一个短片，介绍了主要的事实，参见 http://www.mpr.org/sections/parallels/2013/10/23/240239062/five-things-to-know-about-the-nsas-surveillance-activities。
13. 有关费马大定理的传奇故事参见 Singh 1997; Aczel 1997。